世界第一本平衡計分卡導入know-how與個案分析專書

策略形成

及

執行

▶以BSC為核心
▶為企業創造「**利**」與「**力**」

吳 安 妮 / 著

創融合學術研究與實務運用的
整合性策略價值管理系統」（ISVMS）
台灣企業打造精實體魄、提升價值、締造高績效

企畫叢書 FP2275

策略形成及執行：
以BSC為核心，為企業創造「利」與「力」

作　　　者　吳安妮
編 輯 總 監　劉麗真
主　　　編　謝至平

發 　行　 人　涂玉雲
總 　經　 理　陳逸瑛
出 　　　 版　臉譜出版
　　　　　　城邦文化事業股份有限公司
　　　　　　臺北市中山區民生東路二段141號5樓
　　　　　　電話：886-2-25007696 傳真：886-2-25001952
發　　　行　英屬蓋曼群島商家庭傳媒股份有限公司城邦分公司
　　　　　　臺北市中山區民生東路二段141號11樓
　　　　　　客服專線：02-25007718；25007719
　　　　　　24小時傳真專線：02-25001990；25001991
　　　　　　服務時間：週一至週五上午09:30-12:00；下午13:30-17:00
　　　　　　劃撥帳號：19863813　戶名：書虫股份有限公司
　　　　　　讀者服務信箱：service@readingclub.com.tw
　　　　　　城邦網址：http://www.cite.com.tw
香港發行所　城邦（香港）出版集團有限公司
　　　　　　香港灣仔駱克道193號東超商業中心1樓
　　　　　　電話：852-25086231或25086217　傳真：852-25789337
　　　　　　電子信箱：citehk@biznetvigator.com
新馬發行所　城邦（新、馬）出版集團
　　　　　　Cite（M）Sdn. Bhd.（458372U）
　　　　　　41, Jalan Radin Anum, Bandar Baru Sri Petaling,
　　　　　　57000 Kuala Lumpur, MalaysFia.
　　　　　　電話：603-90578822　傳真：603-90576622
　　　　　　電子信箱：cite@cite.com.my
一 版 一 刷　2018年10月
一 版 四 刷　2021年7月

城邦讀書花園
www.cite.com.tw

ISBN 978-986-235-682-1
售價　NT$ 480
版權所有‧翻印必究（Printed in Taiwan）
（本書如有缺頁、破損、倒裝，請寄回更換）

國家圖書館出版品預行編目資料

策略形成及執行：以BSC為核心，為企業創造
「利」與「力」，吳安妮著 -- 初版. -- 臺北市：
臉譜，城邦文化出版；家庭傳媒城邦分公司發
行, 2018.10　面；　公分. --（臉譜書房；
FP2275）

ISBN 978-986-235-682-1（平裝）

1.決策管理　2.企業管理評鑑

494.1　　　　　　　　　　　　　　　107009342

提升管理品質的系統思維

李吉仁（國立臺灣大學國際企業學系教授，
兼創意與創業中心與學程主任）

　　企業成敗的關鍵，扣除運氣（luck）的成分外，基本上不外乎「策略」與「執行力」兩大關鍵，而這兩者又與「領導能力」息息相關。2010年，哈佛大學商學院在慶祝一百週年的論壇上，公布了一份探討領導影響力的研究結果，他們發現在超過530家美國上市公司、橫跨1979~1997年這十八年間的經營獲利變異性，二成與公司所選擇的產業有關，三成跟事業單位的策略差異性有關，另有兩成與領導人及任期長短相關，不可解釋的因素（亦即所謂機運因素）則占有三成。前三項（產業／策略／領導）可說是企業經營管理的總表現，就算扣除企業無法完全控制的產業因素，企業的策略與領導執行力決定了企業一半的成敗[1]。

　　眾所周知，策略與執行力兩者實為因果相循，沒有精準有效的執行力，好的策略是無法導引出期望的經營結果，相反的，沒有縝密思考的

---

1 Wasserman, N., Anand, B. and Nohria, N. (2010) "When Does Leadership Matter?", in Nitin Nohria and Rakesh Khurana (eds.) *Handbook of Leadership Theory and Practice*, Chapter 2, p. 27-63.

策略，再強大的執行力可能也是枉然。然而，隨著企業組織規模與運作日益複雜，部門與組織成員的運作非常容易產生各自為政（silo）的現象，如果沒能及時有效的對焦（alignment），就像個別向量與策略軸線沒能對齊，總和向量肯定是會打折扣的。

本書的主旨便在提供一個完整的策略執行工具，協助企業從釐清策略方向、規畫策略倡議、轉化策略目標、深化內部流程、乃至設定對標的獎酬誘因，一步步帶動整個組織的參與及改變。儘管本書的理論架構完全遵循羅伯‧柯普朗（Robert S. Kaplan）及大衛‧諾頓（David P. Norton）在九〇年代所提出的「平衡計分卡」（BSC）原理，但作者從二十多年前開始結合這個理論內涵，以及參與國內不同類型企業進行實際的系統導入輔導經驗，提出了「整合性策略價值管理系統」（ISVMS），在BSC原有的四大構面下，增加了策略描述、策略衡量、策略執行、與策略溝通反饋等四大系統，以及其下的七大要素，這（四、七、四架構）不僅讓BSC架構與策略規畫活動結合，也將智慧資本的規畫介接，形同提供實務運用BSC的「解決方案」（solutions）。整體而言，ISVMS可說是BSC理論提出之後，最具實務應用性的教戰手冊（playbook）。更難能可貴的是，本書作者吳安妮教授多年來專注於ISVMS的知識化與管理傳播，唯精惟一的實踐精神，更可說是管理學者的典範。

不過，正因為策略是組織的源頭決策，其深度分析與決策選擇，常不容易以產生共識。ISVMS所建議的策略分析方法，係以BSC的四構面結合SWOT的分析，配合顧客價值主張、優勢能力、借力使力、與共享共贏等四大「策略指導原則」，期望能完成創新策略的共識。仔細看了本書的三個企業輔導案例，個人認為這三個案例所面對的較偏向穩

定變化的環境，ISVMS的策略分析顯然較為偏重「由內而外」的思路，「由外而內」的結構性思維較弱，這使得策略思考與選擇的寬廣度可能受限。

　　試想如果一家過去非常成功的實體零售店，在面對新零售模式快速發展的市場裡，如果不能從過去「貨、場、人」的經營邏輯，走向「人、場、貨」思維轉變，而是在舊模式下努力提高產品性價比，可能最終還是無法改變被淘汰的命運。這種典範移轉（paradigm shift）下的策略轉變需求，需要對於產業與競爭脈絡（context）有深度的解析，才能產生有效的洞見（insights）。事實上，策略創新（strategic innovation）的途徑，隨著科技進步與跨界競爭的白熱化，可說是越來越多元，ISVMS或許可以考慮引用更多比SWOT更具產業與競爭脈絡分析效力的工具，以強化策略形成的創新性，這對於諸多亟待變革轉型的臺灣企業而言，更是重要。

　　儘管如此，ISVMS仍是一個非常實用的策略規畫與執行力展開的系統工具，尤其是對於策略在組織內形成過程的內隱知識外顯化，更讓組織成員對於原本模糊的策略規畫有了共同的語言（common language），將有助於策略共識的達成，最終導引整體管理素質（management quality）的提升，掌握住企業邁向成功、甚至永續的基石。

策略是行動

吳思華（國立政治大學科智所教授）

在企業經營的範疇中，策略思維扮演著重要的角色，清晰的策略思維能幫助企業掌握正確的方向，有助於滿足所有利益關係人的期許與付託。但現實環境中的策略必須能夠轉換成實際的行動，才會有具體的成果。否則，策略就像是貼在牆壁上的標語，只是說著好聽的。

策略構想拆解成為行動時，必須依循組織的脈絡、細緻的設計，考量彼此間的緊密搭配與執行的可能性。如果能夠清楚的辨識每一個活動（activity）的價值貢獻與成本支出，就能精準算帳，確保策略目標的實踐，這是傳統成本會計的基本任務。用數字說話，這是組織中最直接的溝通說服方式。

但是，策略追求的不僅是短期立即的目標，更是長時間、寬視野的總體考量。因此，如何處理無形資產價值、長期投資與營運風險，同時各個活動如何合理分攤共用的資產成本，就成為數字管理的挑戰。

本書嘗試擴大平衡計分卡的架構，提出「整合性策略價值管理系統」（簡稱 ISVMS）。這個系統包括策略形成、策略執行、作業管理、

價值管理與價值創造等五個子系統，將多元複雜的策略思維與落實執行緊密的聯結，兼具學術與實務，真正體現知行合一，對企業經營實務有很大的貢獻。

由於新科技與新價值的牽引，策略的形式與內涵不斷的推陳出新，藍海市場、多元獲利、一源多用、平台經營、競合賽局、合作網路、生態系統等等不同的策略思維受到重視，它們的思考範疇都已超越傳統的企業疆界。未來的經營者必須具有寬廣的視野與翻轉的思維邏輯，才能在遽變的環境中生存致勝。如何將這些課題轉化成日常活動、責付每位同仁，妥善的融入組織的管理控制制度中，更是經營者重要的工作，當然也是從事管理控制制度研究的學者們新的議題與挑戰。

本書作者吳安妮教授是政大會計系的講座教授，曾獲科技部傑出研究獎、教育部學術獎，在國內外發表許多學術論文，是一位管會與平衡計分卡的傑出學者。吳教授不僅鑽研學術，更積極投入實務，親身訪問企業、蒐集第一手的資料。這次，她將過去三十年來的研究心得，以淺顯的文字彙集成書，和大家分享，是臺灣企業之福，相信企業界的朋友們能夠從中學到許多實用的管理工具，落實未來創新轉型的策略構想，為企業開創新的局面。

謝辭

本書是筆者彙整三十多年來，學術研究、教學、產學合作下的產出。寫作過程中，蒙獲眾多良師益友的協助，有您們的驅策，才能讓本書順利問世。本書付梓之際，筆者藉此機會向不同領域的專家、學者及所有對本書不吝指導的貴人，致上十二萬分的謝意。

首先，感謝恩師周齊武（Chee Chow）教授的引導。周教授是筆者管會研究之路的導師，長年給予鼓勵與指導研究，筆者才有今日的學術成長。三十多年來，筆者與許多企業合作，汲取經驗，跨越了學術與實務的鴻溝，落實「知行合一」的信念，由衷感激以下諸位人士對本書的竭力相助：

- 公隆集團劉至偉執行長、沈文綾財務長及林庭瑋盟事業部總經理。
- 匯豐汽車李榮華前總經理及廖豔慧執行副總。
- 德律科技陳玠源董事長、葉美杏運籌服務處資深經理及鄧薛樺專案管理室經理。
- 日正食品劉燕飛總經理、李采慧副總經理及高淑芬經理。
- 學而會計師事務所盧繼剛會計師。

- 康瑞行銷郭俊良董事長及熊賢雅執行副總。

同時，也要感謝東海大學劉俊儒副教授及廖勝嘉先生擔任本書的審閱，以及李惠娟小姐、周玉玲小姐、劉欣姿助理、劉景良助理為本書蒐集相關資料、來回審複校對，以及臉譜出版社的編輯群們與所有對本書付出心力的貴人。

最後，誠摯感激外子石明湖長期無怨無悔的支持，以及創價學會共戰夥伴們的真心守護和鼓勵。值此競爭激烈的嚴峻局勢，謹以本書獻給學術界及實務界的朋友們，衷心期盼各位能將書中所闡述的「管理會計」新思維，落實在自己的教學及企業實務運用之中，讓臺灣的企業界突破困境，再創高峰！

前言

　　有些企業可能會認為，企業經營只要高階主管能確切掌握策略方向，訂定好的策略內容，然後交給員工執行，企業就可以高枕無憂，安心的等待高成長與高獲利的成果。然而，期待與現實總有落差，諸多企業在策略形成後，發現所謂的策略方向或內容，執行到最後僅淪為空洞的口號或是掛在牆上的宣示牌，對於員工的日常工作與行動，並沒有產生任何實質的改變或影響。在此情況下，企業的策略當然無法被落實及達成，高階主管才察覺到，將良好的策略構想轉變成所有員工的工作任務或實際行動，是企業經營非常重要的課題。因此，強而有力的策略執行工具，是落實企業策略方向不可或缺的利器。

　　為解決企業策略形成及落實的課題，筆者長期投入學術研究及實務運用，進而發展出「整合性策略價值管理系統」（Integrated Strategic Value Management System, ISVMS），此系統包括以下五個子系統：

　　一、策略形成系統，

　　二、策略執行系統，

　　三、作業管理系統，

　　四、價值管理系統，及

　　五、價值創造系統。

ISVMS 在學術與實務長期深耕結合及知行合一並進下，已能發揮其功能和價值，而其做法包括下列四大步驟：

一、理論及技術架構的形成：知的層面

　　首先釐清五個子系統的理論架構及相關技術的具體內容，以及這些子系統間的整合方向，此屬於知的層面。

二、經驗及個案執行：行的層面

　　一旦了解理論及技術面後，開始在企業實施且進行測試，並於實施過程中反覆修正，找出合理的做法，建立實務操作的標準作業流程（SOP）及標竿學習方向，此屬於行的層面。

三、創新知識及理論的形成：知的層面

　　由於長期個案實務經驗及知識的累積，得以影響理論及技術的創新，形成有價值及特色的創新知識與理論，此屬於知的層面。

四、組織整合性策略經營體系的落實：行的層面

　　ISVMS 系統的最終目的，在協助組織建構策略形成系統、策略執行系統等整合性策略經營體系，期望為組織創造更高的附加價值及經營績效，此屬於行的層面。

　　本書是過去三十多年學術研究與實務運用的接軌，在長期知行合一運作下所凝聚的心血結晶。筆者秉持「一人走百步，不如百人走一步」的理念，期望透過知識分享，讓臺灣學術界及實務界有更多的切磋，達到整體向上提升的境界。更由衷期盼未來能有更多學術界與實務界人士，一同投入 ISVMS 領域的研究及實務運用，相信在知行合一的緊密

結合和互動下，能讓臺灣學術及實務界在亞洲甚至全球，成為 ISVMS 的標竿，開創 ISVMS 前所未有的發展。

　　本書主要包括 ISVMS 前兩個子系統，以策略形成及執行為核心，適合所有產業人員閱讀及公司導入，尤其是創新產業，更應該先找出公司本身的創新或差異化策略，進而運用平衡計分卡建構公司的策略地圖，創造公司的經營績效。全書各章節皆以「知」的學術理論為開端，緊接著為「行」的實務運用。讀者可以先閱讀理論再配合產業實例，深入的了解理論與實務的結合，進而提升知行合一的效益。

　　第一章主要在說明 ISVMS 透過長期學術研究及實務運用的發展階段，以及每個階段的重點內容，此屬於知行合一的層面。之後分為四大篇，第一篇「策略形成系統」，旨在說明策略形成系統的具體內容，即為第二章知行合一的內容。第二篇「策略執行系統」，共有三章，其中第三章主要說明組織在策略執行上的障礙，以及平衡計分卡（Balanced Scorecard, BSC）的具體內容，此屬於知的層面；第四章為平衡計分卡的設計步驟及運用精髓，此屬於行的層面；第五章為平衡計分卡達到組織綜效，此屬於知行合一的層面。第三篇「平衡計分卡與其他管理制度的結合」，為第六章的內容，主要探討平衡計分卡強化或引導各項管理制度的知行合一內容。第四篇「臺灣實施平衡計分卡案例」，共有五章，第七章首先討論平衡計分卡如何解決中小企業的困境，此屬於知行合一層面；第八至第十一章以臺灣四個不同產業的案例，協助讀者進一步了解個案公司在導入及推動平衡計分卡上的實際做法，其中第八章為化學業實施平衡計分卡案例：公隆化學；第九章為汽車銷售業實施平衡計分卡案例：匯豐汽車；第十章為測試設備廠實施平衡計分卡案例：德律科技；及第十一章為食品業實施平衡計分卡案例：日正食品，這四家

個案皆屬「行」的層面。

　　最後還添加兩個附錄，附錄一為多年來實施平衡計分卡常見問題，筆者整合現有文獻、自身的學術研究及實務經驗，提供企業導入平衡計分卡相關問題的解決參考。附錄二則是探討平衡計分卡在個人生涯規畫的運用，期望能幫助讀者增進人生學習及成長的價值。

第1章　整合性策略價值管理系統 ——知行合一的層面

在許多歷史戰爭影片裡，經常看到一幕場景：將軍與幕僚們共同商討進攻對策，討論過程中，也許各有不同的意見及看法，但到了最後，將軍拍板定案，發布明確的命令，然後交由幕僚監管且正確無誤的傳達給前線，以確保戰爭勝利。

企業的經營管理也是同樣的運作模式，企業的董事長、總經理及高階主管負責策略的形成，然後交由中階主管督管策略的執行，並由前線的執行人員明確落實，方能促進企業「價值」的提升。依此邏輯思維發展出一套整合體系，稱為「整合性策略價值管理系統」（ISVMS）。

一、整合性策略價值管理系統的發展歷程及階段

ISVMS是透過長期的知行合一互動、歷經五個階段才發展出的整合系統，本章主要從理論及實務整合運用的知行合一層面，來探討

ISVMS 五個發展階段的重點內容。

(一)ISVMS 第一階段：
作業管理及價值管理系統的形成與結合

1. 第一階段的重點內容

　　羅伯‧柯普朗（Robert S. Kaplan）及羅賓‧庫柏（Robin Cooper）在1986年發展了作業制成本管理（Activity-Based Cost Management, ABCM），當時筆者正在美國唸博士班，因對 ABCM 產生極大的興趣，開始深入研究，畢業回台後也義務性協助企業實施 ABCM 制度。在 ABCM 的推動過程中，了解到管理的細胞為「作業」，如同房子的地基，地基若是不穩，房子必將坍塌。因此，作業是管理的基礎，在組織中所有作業的結合體為價值鏈，而價值鏈的管理與分析及作業流程合理化分析的結合體則稱為「作業管理系統」，如圖 1-1 所示。作業管理系統屬於組織的基礎工程系統，必須將此基礎工程打造得固若金湯，方能鞏固組織的基磐。但要如何在此基礎下與其他管理制度結合，以提升經營績效呢？為有效的將作業管理系統與其他管理制度連結成一體，筆者發現：ABCM 是以管理的細胞「作業」為根基，因而容易與作業管理系統合成一體，因此又將 ABCM 加以創新，發展出「作業價值管理制度」（Activity Value Management, AVM），透過 AVM 制度的主導，不僅與作業管理系統，也能和其他管理制度相結合。

　　AVM 與其他管理制度結合後，不僅提供有價值的決策資訊，且可洞察經營上的問題，提供解決方向，是一項將原因及結果等相關資訊整合一體的有力工具，為大數據提供很好的「土壤」，筆者稱此為「價值

管理系統」，其內容如圖1-1所示。此系統可為組織奠定經營的因果關係整合資訊穩固工程，以提升企業長期經營績效及價值。有關AVM的具體及詳細內容，請參考筆者於2017年發表的〈打破中小企業三大成本迷思〉（《哈佛商業評論》，6月號，第48-55頁）。

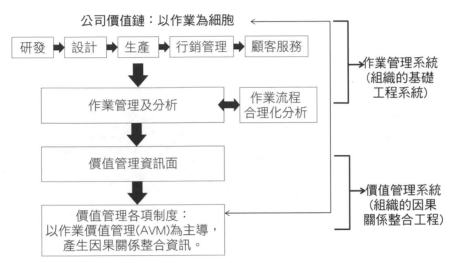

圖1-1 作業管理與價值管理系統圖

出處：修改自吳安妮，2011年11月，〈以一貫之的管理：整合性策略價值管理系統（ISVMS）〉，《會計研究月刊》，第312期，第108頁。

2. AVM 與各項管理制度的整合

AVM制度中的作業可以區分為附加價值、產能、品質成本及顧客服務等四大屬性，如圖1-2所示。透過四大作業屬性，可使組織的成本及利潤管理能與附加價值管理、產能管理、品質管理及顧客服務管理等合成一體，為組織奠定良好的整合因果關係的決策資訊系統。

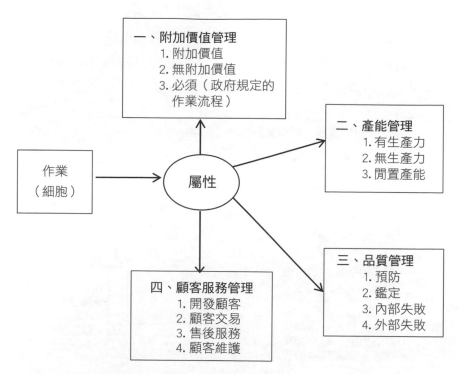

圖1-2 AVM透過作業屬性與不同管理制度的整合圖

出處：修改自吳安妮，2011 年 11 月，〈以一貫之的管理：整合性策略價值管理系統（ISVMS）〉，《會計研究月刊》，第 312 期，第 109 頁。

3. 價值管理系統的水平整合

　　價值管理系統的目的，在於產生對管理人員有價值的決策資訊。就一般管理而言，最基本要有成本、品質、時間及價值面的資訊，因而必須實施不同的管理技術，包括成本面的AVM、產能成本及目標成本制度；品質面的品質成本制度；時間面的生命週期成本制度；及價值面的價值鏈成本制度等。由於這些管理制度皆仰賴「作業」此細胞的整合，

因此在 AVM 制度的主導下，將其整合成一體，稱為「水平整合」。價值管理系統的水平整合內容，包括價值管理資訊及價值管理制度兩方面，如圖1-3所示。

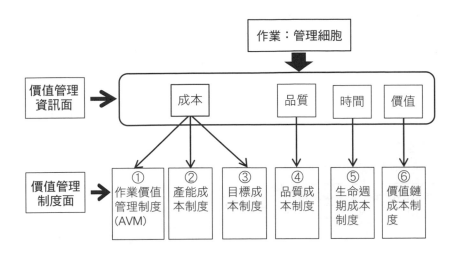

圖1- 3　價值管理系統的水平整合架構圖

出處：修改自吳安妮，2011 年 11 月，〈以一貫之的管理：整合性策略價值管理系統（ISVMS）〉，《會計研究月刊》，第 312 期，第 110 頁。

　　ISVMS 第一階段的發展過程形成了兩個子系統——作業管理和價值管理系統，以及其邏輯整合方向的具體內容。

(二)ISVMS 第二階段：
　　策略形成系統引導作業管理及價值管理系統

1. 第二階段的重點內容

　　第一階段完成後，筆者發現：組織內部會累積大量由AVM與各項

管理制度整合的因果關係資訊，且大部分會交由中低階主管負責。在這些為數可觀的資訊中，要如何去蕪存菁、擷取出對管理有價值的資訊呢？其中關鍵是中低階主管需進一步了解組織的策略方向，才能掌握組織策略所需的相關資訊，應該以共同的策略形成系統此大腦為出發點，來引導作業管理及價值管理系統的設計，否則組織很可能因為實施許多不同管理制度，而落入體積龐大舉步維艱的陷阱，反而無法創造效益及價值。有關第二階段的重點內容，如圖1-4所示。

從圖1-4可知，策略形成系統會影響作業管理及價值管理系統的設計方向。

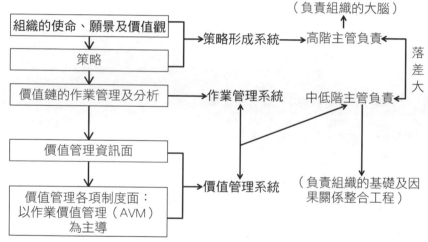

圖1-4　策略形成系統引導作業管理及價值管理系統圖

出處：修改自吳安妮，2011年11月，〈以一貫之的管理：整合性策略價值管理系統（ISVMS）〉，《會計研究月刊》，第312期，第110頁。

2. 策略形成系統引導 AVM 的設計

透過多年研究得知策略形成系統應該包括組織的使命、願景、價值

觀及策略等四大內容，而第二階段的精髓實為策略形成系統對AVM制度設計的影響，其具體內容如圖1-5所示。我們從圖1-5中可知，在設計AVM之前，必須先了解組織的使命、願景、價值觀及策略此「策略形成系統」，才能設計出有用且適宜的AVM制度，協助組織從事各種價值管理。

ISVMS第二階段的發展過程產生了策略形成系統，且涉及策略形成系統與第一階段形成的作業管理及價值管理系統等三個子系統的結合方向。

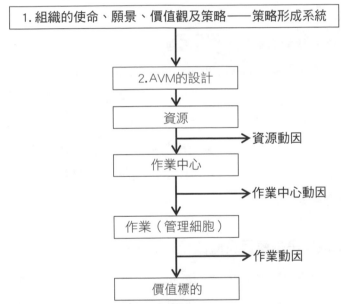

圖1-5　策略形成系統引導AVM設計的藍圖

出處：修改自吳安妮，2011年11月，〈以一貫之的管理：整合性策略價值管理系統（ISVMS）〉，《會計研究月刊》，第312期，第111頁。

(三)ISVMS第三階段：
策略形成系統引導策略執行系統

1. 第三階段的重點內容

　　筆者在第二階段中發現：策略形成系統為高階主管的責任，作業管理及價值管理系統則為中低階主管的負責範疇。高階及中低階主管所肩負的責任不同，因而雙方對於管理認知往往有很大的落差，因此必須找出解決之道，否則容易產生頭重腳輕或頭腳不協調的情況，如圖1-4右上角所示。

　　筆者如尋找藥方般研究眾多管理制度，經長年累積，發現1992年柯普朗與大衛・諾頓（David P. Norton）所發展的BSC，正是消弭策略形成系統（高階主管的責任）與作業管理及價值管理系統（中低階主管的責任）之間鴻溝的良方，也是策略執行的有效工具。總之，策略執行系統的核心技術為BSC。組織的策略透過BSC中各項要素的結合，方能具體的被執行，一言以蔽之，組織的策略形成系統為策略執行系統：BSC的引導系統，如圖1-6所示。

2. 策略形成、策略執行及價值管理系統的結合

　　組織可透過策略及BSC來引導組織的價值管理系統，因為BSC不同構面的衡量指標，需要依靠不同管理制度產生的資訊來提供。不同組織會有不同的策略方向，因而BSC的內容也會不同。例如當企業以「成本領導」為主要策略方向時，自然需要一些成本管理的相關指標；但若企業的產品繁多、顧客群廣泛，為有效管理「產品」及「顧客」，

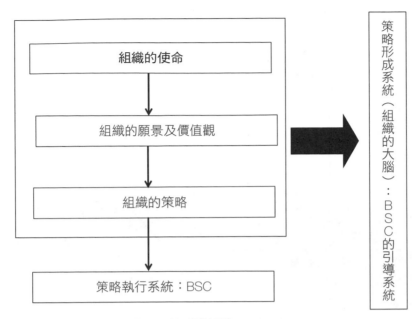

圖1-6　策略形成系統引導策略執行系統圖

出處：修改自吳安妮，2011 年 11 月，〈以一貫之的管理：整合性策略價值管理系統
（ISVMS）〉，《會計研究月刊》，第 312 期，第 112 頁。

需要產品及顧客的盈虧資訊，而這些資訊需從 AVM 產生而來，以進行
有效的產品及顧客管理，進而協助成本領導策略的落實，此即為策略、
BSC 及 AVM 的結合過程。總之，BSC 實具有承上（策略）與啟下（價
值管理系統-以 AVM 為主導）的功能，如圖 1-7 所示。

　　從圖 1-7 中可清楚的看出，組織的策略會影響 BSC 的策略性目標及
策略性衡量指標，進而影響 AVM 制度的設計及實施，AVM 制度又會產
出 BSC 的策略性衡量指標（Strategic Performance Indicators, SPI），例
如：AVM 可以產生正確的產品及顧客利潤額的資訊，協助企業檢討
BSC 所設定的策略性目標的達成率，進而檢視策略是否被落實。

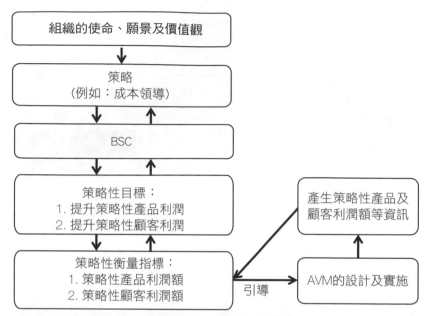

圖1- 7　策略及 BSC 對 AVM 制度設計與實施的影響圖

出處：修改自吳安妮，2011 年 11 月，〈以一貫之的管理：整合性策略價值管理系統（ISVMS）〉，《會計研究月刊》，第 312 期，第 114 頁。

3. 策略性與一般性管理系統的區隔

　　進入第三階段實務施行過程中，經常會聽到高階主管詢問：「有了策略性的方向之後，是不是只需要專注在策略執行的管理上？跟策略執行無關的管理制度，又該如何進行？」對此，筆者建議企業可將管理系統分為「策略性管理系統」及「一般性管理系統」，如圖1-8所示。高階主管需投入較多時間及心力在策略性管理系統，而非一般性管理系統的發展上，這樣才有助於企業聚焦長期策略並落實執行。

　　ISVMS第三階段的發展過程新加入了策略執行系統：BSC，而且涉及策略形成、策略執行與價值管理系統的結合方向。

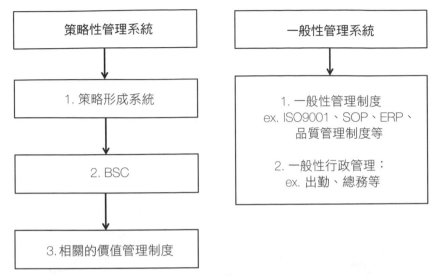

圖1-8　策略性及一般性管理系統區分圖

出處：修改自吳安妮，2011 年 11 月，〈以一貫之的管理：整合性策略價值管理系統（ISVMS）〉，《會計研究月刊》，第 312 期，第 115 頁。

（四）ISVMS第四階段：
策略執行系統引導價值創造系統

1. 第四階段的重點內容

　　進入知識經濟時代，能為組織創造高經濟價值的資產不再是有形資產，而是無形的智慧資本，例如經營團隊領導力、員工向心力、顧客及供應商關係及創新文化等。因此，知識的創造、累積、共享及整合，已成為創造組織價值的主要動因，而組織核心智慧資本（Intellectual Capital, IC）的創造、衡量、評價及管理，扮演組織競爭的重要關鍵，稱之為「價值創造系統」。

BSC可以引導組織建構價值創造系統，亦即透過BSC的執行，可發展出為組織創造價值的策略性智慧資本(Strategic Intellectual Capital, SIC)，例如BSC的顧客構面可引導策略性「顧客資本」的形成及累積；同理，內部程序構面可引導策略性「流程資本」及「創新資本」；學習成長構面可引導策略性「人力資本」、「資訊資本」及「組織資本」的形成及累積，如圖1-9所示。

ISVMS第四階段的發展過程形成了價值創造系統——以策略性智慧資本為核心，且涉及策略執行系統BSC與價值創造系統的結合方向。

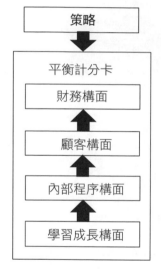
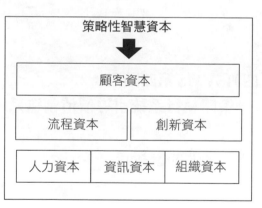

圖1-9　BSC引導策略性智慧資本圖

出處：修改自吳安妮，2011年11月，〈以一貫之的管理：整合性策略價值管理系統（ISVMS）〉，《會計研究月刊》，第312期，第115頁。

（五）ISVMS第五階段：五個子系統大整合

1. 第五階段的重點內容

透過前面四個階段的發展，可以明確的了解不同階段會有不同子系統的形成及結合內容，到了第五階段就必須整合成一體，因而稱第五階段為「大整合階段」。要做好整合工作，必須有因果關係結合的邏輯思考觀念，了解某個子系統為另一個子系統的引導制度，例如：策略形成系統為策略執行系統BSC的引導系統，而BSC為價值創造系統及AVM的引導系統等。經過長期淬鍊，筆者將五個子系統透過因果關係的邏輯思考架構，結合發展出整合性的ISVMS理論架構。

為了達到根留臺灣的目的，ISVMS已擁有臺灣、美國及大陸三個國家的商標權。圖1-10顯示ISVMS五個子系統的整合樣貌，如同將帥領軍作戰，運籌帷幄後所孕生的「策略」，交給前線的軍官／士兵「執行」，而士兵又分為衝鋒陷陣的前線，以及準備武器和糧草的後勤，但他們的共同目標，都是為了締造勝利。總之，ISVMS的整合方向是以策略形成系統為首，引導策略執行系統，進而透過作業管理與價值管理系統，產生整合因果關係的決策資訊，最後與價值創造系統加以整合，達到組織價值提升及永續經營目的。

關於ISVMS整合系統中五個子系統的精髓，整理如下：

(1) 策略形成系統：組織的大腦

大腦主宰人的一切行為，透過有系統的思考，幫助人在下決策前做縝密的判斷。就組織經營管理而言，同樣必須擁有「大腦」，否則就不

知道該往哪個方向正確前進。而組織的大腦即是「策略形成系統」的內涵，此系統是以組織的使命、願景及價值觀為基磐，透過策略分析工具，形成組織的策略；換言之，策略形成系統猶如組織的大腦，是組織最重要的核心。

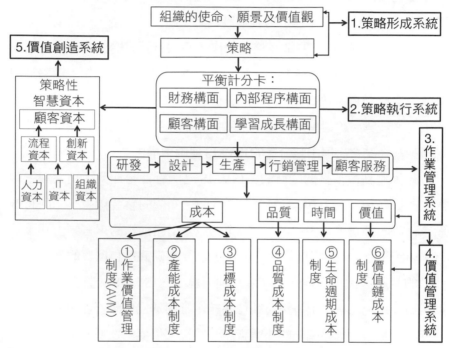

圖1-10　整合性策略價值管理系統大整合圖

出處：修改自吳安妮，2011 年 11 月，〈以一貫之的管理：整合性策略價值管理系統（ISVMS）〉，《會計研究月刊》，第 312 期，第 117 頁。

(2) 策略執行系統：組織大腦的執行方向

　　大腦指示正確的方向後，接著就是策略的執行或落實，透過BSC四大構面的因果關係，具體落實策略執行方向，且為達成整體組織綜效

的有利技術。

(3) 作業管理系統：組織的基礎工程

組織若想透過BSC來落實策略，前提需與內部運作的價值鏈結合，從事有效的流程管理及分析，才能發揮最大效益。組織的價值鏈是一連串作業的連結，串聯前端的研發設計、中端的生產至後端的顧客服務。換言之，此價值鏈是由許多不同的「作業」所組成，是攸關整體組織的重要基礎，唯有基礎工程穩固踏實，才能讓組織策略得以全面貫徹執行。

(4) 價值管理系統：組織因果關係的整合工程

組織的整體營運作業非常繁雜，不同的管理制度具有不同的功能，好比中藥藥方，不同藥方醫治不同病症，面對眾多的管理制度，組織必須選擇適合自身的管理制度。選擇的重點，則需針對各式各樣的問題，採取不同的管理制度來解決，然而這些管理制度需進行長期的整合，且必須擁有相同的管理細胞，即「作業」，而透過AVM來整合各項管理制度，不僅可產出因果關係整合的資訊，且建構完整及有效的價值管理系統工程。

(5) 價值創造系統：組織創造的策略性智慧資本

BSC除了能具體執行策略，亦可引導策略性智慧資本的形成及累積，包括引導顧客、流程、創新、人力、資訊及組織等六大智慧資本，進而發展出各項資本的衡量指標，評析組織體質與策略性價值創造的缺口，以此做為未來經營改進的參考依據。

由於ISVMS為一整合系統，內容相當廣泛，本書以ISVMS前兩個子系統：策略形成系統及策略執行系統為重點，一一的分析說明。同時藉由臺灣企業的實際案例，讓讀者進一步了解兩個子系統的操作精髓及執行步驟。

「觀念決定態度，態度決定行為」，無論你的組織正處於企業轉型或著手建立管理制度的轉捩點，這兩個子系統都是診斷組織突破績效的有效良方。筆者深切期盼，不論你是企業經營者、中高階主管或前線執行人員，皆能在理論和實務的知行合一運作下，善用這兩個子系統，強化企業體質，孕生創新策略及執行力，進而成為臺灣及亞洲的成功典範，提升臺灣整體企業的經營績效及國際競爭力。

筆者致力於產學合作，長期協助臺灣組織，尤其是中小企業實施ISVMS各項子系統，希望為業界帶來更大的經營績效，協助臺灣產業達到永續經營的目的。因而於2016年4月正式成立「國立政治大學商學院整合性策略價值管理研究中心」（Nccu iSVMS），希望能協助大學創新轉型，與實務界緊密合作，且培育優秀的新世代決策管理人才。有興趣的讀者，可以進入該研究中心網址：www.isvms.nccu.edu.tw，了解更多的資訊。

備註：

本章的部分內容，摘錄自吳安妮，2011，〈以一貫之的管理：整合性策略價值管理系統（ISVMS）〉，《會計研究月刊》，第312期，第106-120頁。

參考文獻：

1. 吳安妮，2017，〈打破中小企業三大成本迷思：作業價值管理實戰〉，《哈佛商業評論》，6月號，第48-55頁。

2. Kaplan, R., and D. Norton 著，朱道凱譯，1998年，《平衡計分卡：化策略為行動的績效管理工具》，臉譜出版社。

3. Kaplan, R., and D. Norton 著，ARC遠擎管理顧問公司策略績效事業部譯，2001年，《策略核心組織：以平衡計分卡有效執行企業策略》，臉譜出版社。

第一篇
策略形成系統

　　進入二十一世紀以來，產業更迭愈加快速，不論供給或需求面都產生了巨幅的變化。究竟是供給變化帶動消費者無止盡的需求，抑或是消費者的喜好快速轉變，迫使供應商不得不轉變迎合？這雞生蛋或蛋生雞的謎團，無法深究，值得探討的是，在產業發生變化的時刻，企業應該採取怎樣的行動以因應環境的巨大轉變？

　　此時，策略的選擇實扮演著重要的存活關鍵。換言之，一個好的策略可使組織創造更多契機，而一個壞的策略則可能使組織趨於敗亡。策略形成過程的品質，是策略好壞的關鍵因素。策略的形成是個非常複雜的過程，成功的策略並非管理高層憑空想像或關室密談後便能生成，而是得經由董事長或總經理傑出的領導，打破既有巢臼，廣納各方意見，善用資訊與經驗精確規畫，並於資料轉換成資訊過程中，考量決策多元複雜與關鍵風險，讓策略的結果展現出整體的意志力及最佳方向。

　　本篇我們將以一整章的內容，從知行合一層面，為讀者說明組織的策略方向及策略形成系統的要素與內涵，並透過兩個模擬案例，讓讀者能迅速領會到「創新策略」形成的操作竅門，以取得制訂創新策略的鑰匙。

第**2**章 策略形成系統的具體內容 ——知行合一的層面

　　策略之於組織的重要性，可從企業興衰史中一一獲得驗證。柯達公司（Kodak）成立於1880年，曾在影像軟片產業中獨步一時，但是當科技迅速發展推動傳統影像產業走向數位化時，柯達因競爭策略選擇錯誤，導致錯過了進入數位影像的時機，再加上1984年放棄贊助於美國洛杉磯舉辦的奧林匹克運動會，將全球與美國本土曝光的機會，拱手讓給成立於1934年的富士公司（Fuji），以至於自1990年後，柯達的全球市占率開始衰退，至2001年被富士超越，2012年初巨人倒下，柯達申請破產（柯達於1990年市占率約為60%，至2002年降為34%；反觀，富士於1990年的市占率為15%，至2002年上升為40%）。這個擁有百年風光的跨國企業，因無法以全新的策略思維及時轉型，遭到快速轉動的產業巨輪甩出軌道，落入被淘汰的悲慘命運。[1]

　　在臺灣，中小企業是最主要的支柱，根據2016年的統計，中小企業占總家數97.73%，占就業人口的78.19%。[2]由此可見臺灣中小企業牽動著臺灣重要的經濟命脈。值此劇變的年代中，有些公司異軍突起、有些失敗後又谷底翻身，他們是怎麼辦到的？這中間的策略是如何選擇與

布局？在2011年第一屆國家產業創新獎中獲得卓越創新中小企業獎的「家登精密公司」，即是策略成功轉型的例子。

家登精密在創業之初，只是一家模具加工製造廠，如今躍登臺灣最大的半導體製程高階零件設備供應商，追溯促使創辦人跨入科技業的機緣，竟僅是單純的想要達成顧客的期望。當初一家半導體材料廠的客戶，要求家登精密客製化半導體製程前段的黃光微影零組件(光罩)，就如同原本經營伐木的公司，被要求將木頭製造成桌椅等家具一樣，是截然不同的產業與經驗。然而，這樣的要求並沒有遭到家登精密拒絕，反而藉此機會，一邊學習半導體知識，一邊嘗試尋找解決方案，歷經半年終於研發成功。另一次的轉型，是客戶要求合作開發光罩傳送盒的可能性，試想，原本經營伐木業的公司，跨足製造家具後，客戶進一步要求：實木家具太重了，可以準備一台方便運送的車子嗎？願意接受挑戰的家登精密再次以此為契機，一路解決客戶的難題，不僅幫客戶省錢，也贏得了客戶的深切信任，為公司創造了新的開源模式，也成功跳脫逐漸式微的模具產業，讓家登精密轉型為半導體設備廠。[3]

由該案例可知，策略的方向會受到外在環境變動及競爭者出現等各層面的影響，所以策略擬訂過程中需要高階管理者投注長期的心力去探討、規畫與整合，從組織最前端的使命、願景與價值觀出發，依照有系統的邏輯思考架構，發展出決勝策略。

本章我們將以知行合一的層面，從組織存在的目的開始探討，希望藉由此引導方式，讓讀者認識策略形成系統的具體內容。

一、組織存在的目的

　　不同的國家、不同的環境中，有著各式各樣的組織，而組織是為了達成某些「目的」才成立的。一般而言，組織概分為「營利」及「非營利」兩種。首先，我們來談談組織存在的目的。

　　所謂營利組織，顧名思義，其主要目的是為了「營利」，若未有持續及長期的利潤，營利組織很難生存下去。營利組織林林總總，或許追求利潤的目的一樣，但經營的方式不盡相同。以筆記型電腦產業為例，有些公司以提供「價格低廉」的電腦產品為主，有些則強調「品質最優」來吸引顧客，以達創造利潤的目的。又以銀行業來說，有些銀行不斷推出多樣化的金融創新商品，有些銀行則以提供優惠貸款為主要業務，創造利潤。總之，追求的目的雖一致，但不同營利組織的做法會因經營策略而有所差異，其結果自然不同。

　　至於非營利組織，不以追求利潤為導向，那麼存在的目的為何呢？其目的即為組織設立的「宗旨」。例如醫院旨在服務病人，解決病人之苦，但每一所醫院的做法都不一樣，有些醫院標榜提供最佳的「醫療設備」，有些則以「醫術精湛」聞名，其中又有些醫院專精某些科別，如眼科或耳鼻喉科等，各有所長。又好比學校旨在「德才兼備、育人成才」，教育學生品學兼優為最終目的，但每所學校各有其治理方針，有些學校非常強調學生的「人格養成」，有些學校則以「技能教育」為骨幹，培育出來的學生自然大不相同。

　　在「求生存」的前提下，組織需要具備何種「組成要素」呢？首要之務在於「人」，必須有人來從事組織的各種營運。其次是「現金」，

藉此購買所需之物，以及設備、辦公室、辦公桌與廠房等「實體資產」，協助工作及組織營運的進行。最後，組織還需要一些「無形資產」，如商譽、商標權及專利權等來促進組織的持續營運，創造優勢。值得一提的是，組織的現金來源足可顯示該組織的信用狀況（一種無形資產），信用愈佳，則資金的募集及借貸能力愈強，愈有機會獲取營運所需的現金，不論在周轉及資源的分配上，都能有較充裕的運用。簡言之，人、現金、實體資產及無形資產即是組織生存的「組成要素」。在此，我們將組織存在目的的思想架構，列示如圖2-1。

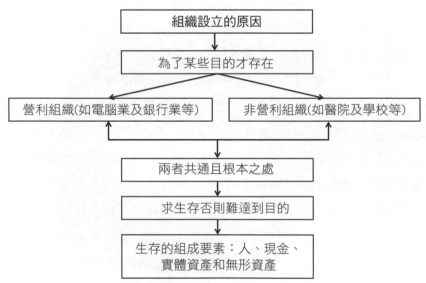

圖2-1　組織存在目的的思想架構圖

二、策略方向及其選擇的邏輯分析

為了創造價值，企業首先必須掌握現況：企業目前的競爭情勢如

何？為了提高未來的競爭優勢，該如何改進及創新？改進及創新的速度如何？這些都是經營者應該深思熟慮的課題，而在思考過程中，最重要的是了解策略方向的內涵。

軍事、政治或企業奉為圭臬的《孫子兵法》，十分強調「攻略」（戰略），指出凡事皆需有「謀略」，方為致勝之道，將此觀念運用到管理學，即是「策略」。當組織擁有策略時，即可發揮所長，並將組織的資源運用到最具效率及效果最大之處，以提升組織的價值。

企業有哪些策略方向可以選擇呢？簡言之，可從產品或服務的功能、品質、外觀、商譽、價格／成本、客製化或顧客服務等方向進行。不同學者對策略方向有不同的見解，綜觀來看，策略方向包括五項：「品質」、「功能」、「顧客服務」、「價格／成本」關係及快速進入市場的「時間」等，如圖2-2所示。

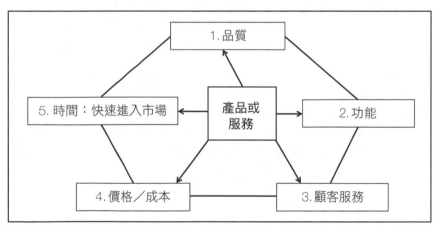

圖2-2　策略的重要方向圖

當了解企業策略的可能方向後，緊接著就要做出選擇，檢測自我的

優劣勢及面臨的機會與威脅，並仔細分析。

管理學將優勢、劣勢、機會與威脅的分析，合稱為「SWOT分析」（Strengths, Weaknesses, Opportunities, Threats）。總括來說，機會及威脅分析與外在環境有關，例如政府政策、產業技術革新、外在競爭環境等。企業的優劣勢分析則為企業與競爭者比較的情況，例如什麼是企業本身比競爭者更專精之處？哪方面的能力比競爭者弱？透過優勢與劣勢的分析，企業可以更了解自己的價值鏈及該努力之處，知己知彼，才能百戰百勝。

而企業的運作除擁有自己的優劣勢及面臨的機會與威脅外，經營過程中還經常面臨各種不同的風險，影響企業的生存及長期目的的達成。一般來說，企業所面臨的風險包括外部與內部的風險，2004年9月，COSO委員會（The Committee of Sponsoring Organization of the Treadway Commission, COSO）提出企業風險管理整合架構（Enterprise Risk Management, ERM），將風險區分為環境風險、流程風險及決策資訊風險。環境風險源自於外部經濟的變化，例如：法規、政策的改變、人口的變化，甚或主要競爭對手無預警的推出新產品；流程風險則源自於企業成員如何執行所選擇的策略，例如：因為員工缺乏經驗而發生意想不到的品質問題，導致產品成本上升；而決策資訊風險，則可能起源於資訊的偏差、不夠全面或缺乏即時性，例如：因內部報導資訊偏誤，而造成高階主管判斷錯誤所衍生的風險損失等。

透過上述說明，我們可以明瞭企業為求生存，獲取競爭優勢，首需了解策略方向，接著透過優劣勢及機會威脅與風險分析，最後才能選擇出最合宜的策略方向，此邏輯分析內容，如圖2-3所示。

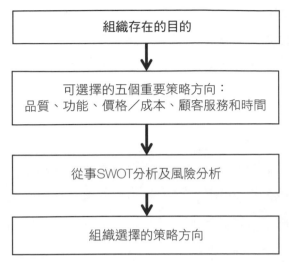

組織存在的目的

↓

可選擇的五個重要策略方向：
品質、功能、價格／成本、顧客服務和時間

↓

從事SWOT分析及風險分析

↓

組織選擇的策略方向

圖2- 3　策略方向選擇的邏輯分析圖

　　由圖2- 3，我們可以了解，從組織存在的目的開始，在引導企業高階主管訂定策略前，有清晰的脈絡邏輯能夠依循，完成所有的考量及分析後，才能為企業量身訂做策略。

三、策略形成系統

　　簡單來說，策略是企業從「現在的樣子」變成「將來理想的模樣」的構想藍圖，在蛻變的過程中，需要在有限的資源裡選擇「哪些要做」、「哪些不做」，這取捨的過程是「策略」的真正精髓。對臺灣企業而言，「取」比較容易決定，「捨」則比較難；對中小企業而言，為了達到精一及聚焦的效益，最重要的是必須做到「捨」，即不該做的不做，才有所謂的「策略」思維。而在取捨的當下，往往需要許多資訊和

相關資料來驗證，才能確保選擇不會出差錯。也許你會認為策略屬於最高階主管的責任，輪不到自己來苦惱，真是如此嗎？你是否曾面臨就業或繼續深造的抉擇，當時有多少親朋好友根據自己的經驗提供建議（資訊）？而你也必然針對當前的環境及自身能力，做了一番評估（驗證），最後才做出決定（選擇）。換言之，這決定的過程就是策略形成的歷程，在日常生活中，我們都免不了要為自己的未來或目標做出策略性的選擇，何況經營一家企業。

　　究竟該如何訂定出好的策略呢？只要領導人適才適用，企業自然會展現卓越的績效？如果選錯了人，就只能哀嘆遇人不淑、忍受策略方向不明、營運績效不佳的情況嗎？事實上，企業可以透過系統化的邏輯思考過程，一步步的勾勒出未來的策略發展方向，而這個自我了解與探索的過程，正是企業逐步形成策略的重要關鍵。

（一）策略形成系統的四大要項

　　如前所述，企業有五種可以選擇的策略方向，經過分析後挑選出最佳的策略方向。筆者長期投身學術及參與實務知行合一的促動下，認為企業在形成策略之前需認真思考幾點要項：1.使命：組織存在的目的為何？ 2.願景：組織的長遠目標為何？以及3.價值觀：組織的信念為何？這幾點皆與策略選擇有關，因而筆者將使命、願景、價值觀及策略等四大要項結合一體稱為「策略形成系統」，創新的發展出一個整合性的策略形成體系，其中使命、願景及價值觀都會影響策略的形成。一一說明如下：

1. 使命 —— 組織存在的目的

　　每當企業經營者陳述自身的使命，聽起來總是既崇高又充滿無限希望，使命對組織究竟有何重要性？該如何陳述才是適當的？其實，組織的使命旨在讓經營者思考「為什麼會有組織的存在，而存在的目的是想要解決人類或顧客什麼問題？」舉例來說，營利組織透過販售產品或服務，來滿足市場及顧客的需求，進而產生利潤，企業因此得以生存。這麼說來，企業的使命是賺錢嗎？利潤是滿足顧客需要而產生的結果？再進一步思考，企業的產品或服務是為了滿足顧客什麼樣的需求或解決什麼樣的問題呢？這些需求會一直持續嗎？能夠為顧客創造可長可久的價值需求嗎？

　　一般來說，使命是企業策略的最高指導原則，通常由決策核心（董事會）所決定，可長可久的使命可以凝聚企業內部員工的向心力，使得企業在資源的分配和提供服務的優先順序上，產生合理而一致的原則，有助於延續企業的長期生存。使命訂得愈崇高愈好，因為使命是終其一生所追求的目標。例如臺灣知名科技公司台達電，將「環保、節能、愛地球」定為企業的使命，"率先投入節能產品的研發與創新，對於環境保護不遺餘力，公司不但多次榮獲「企業社會責任獎」，亦開創出節能產品的新藍海，成為其他企業的學習典範。

　　在此舉出臺灣幾家營利及非營利組織所訂定的使命供讀者參考，如表2-1所示。

　　臺灣許多成功的營利或非營利組織皆懷抱崇高的使命，充滿對地球及對人類生命的尊重與熱愛，正可謂善的「起心動念」，在使命感的驅策下，企業上從高階主管下至基層員工，都將使命視為工作的最高準則，在上行下效、異體同心努力下解決人類的問題。例如：雅文兒童聽

表2-1　臺灣營利及非營利組織使命釋例表

性質	組織名稱	使命
營利	臺灣積體電路製造股份有限公司（半導體產業）	全球邏輯積體電路產業中，長期且值得信賴的技術及產能提供者。[5]
營利	公隆集團（化學製造業）	以顧客之心，提供顧客想要的產品與服務並持續改善。[6]
營利	匯豐汽車（汽車銷售服務業）	顧客、員工、股東心目中最有價值的公司[7]
非營利	財團法人雅文兒童聽語文教基金會	讓聽損小朋友學會聽與說，進入有聲世界並充分發揮他們的天賦。[8]

語文教基金會在鄭欽明董事長的帶領下，以追求讓聽損小朋友會聽與說，進入有聲世界並充分發揮他們的天賦為使命，此崇高的使命真是臺灣非營利組織的標竿及學習對象。因此，建議企業應以具體明確且積極簡潔的文字來傳達使命，讓全體員工都能琅琅上口，易於理解與溝通。

2. 願景──組織長遠的目標

　　願景，用淺顯的話語來說，就是長遠的目標或夢想。讓我們回想孩童時期，是不是都對未來充滿無限想像及目標？許多人小時候作文寫志願，希望未來能成為教師、醫師或科學家等，然而長大後夢想成真、始終如一的人卻寥寥可數。

　　因為連接長遠目標（或夢想）與現實的橋梁是「努力」，唯有具體的實踐，才有機會朝向目標或夢想持續前進。家喻戶曉的馬丁・路德・金恩博士（Martin Luther King Jr.），即是一位將自身願景徹底實現的代表性人物，他的公開演說「I Have a Dream」廣為人知。[9]演說中，他充滿豪情壯志，描述自己的願景──黑人與白人有一天能和平且平等共

存，並決意為此奮鬥至生命的最後一刻。金恩博士言行如一，力行不輟，為美國的民主揭開了歷史新頁。

無疑的，每一個人對於未來或多或少都懷有願景或夢想，希望透過努力行動，更貼近自己設定的願景。企業當然也不例外，經營者勾勒企業中長期（三～五年後）的發展願景時，必須考量當前自身的實力以及外在環境的變化，才有助於構思若干年後的經營願景。在此建議企業認真思考下列幾個問題：

(1) 企業的願景為何？要為哪些人提供哪些產品或服務？這些產品或服務可以滿足顧客哪方面的需求，對他們有何價值？
(2) 企業為何有能力為願景做好準備？
(3) 未來想達成的藍圖為何？

在此舉出臺灣幾家營利及非營利組織訂定的願景內容供讀者參考，如表2-2所示。

設定願景的過程，有時並不如想像中順利，是一場智力與情感的拉鋸戰。因為勾勒未來三～五年的願景過程中，理性分析及源源不絕的創意缺一不可。腦力激盪過程中，少不了天馬行空的討論及爭辯，但是，唯有這樣反覆的激烈論證，才能激盪出可行性及鼓舞人心兼具的願景，也才能驅動企業員工樂於追夢的勇氣與行動。

3. 價值觀——組織的信念

價值觀是人們對於行為對錯問題的遵循準則，亦是人們面對道德判斷困境時的行為守則。價值觀如果偏差，影響小至個人、大至整個國家

表2-2　臺灣營利及非營利組織的願景釋例表

性質	名稱	願景
營利	臺灣積體電路製造股份有限公司（半導體產業）	成為全球最先進及最大的專業積體電路技術及製造服務業者，並且與我們無晶圓廠設計公司及整合元件製造商的客戶群，共同組成半導體產業中堅強的競爭團隊。[10]
營利	公隆集團（化學製造業）	以附加價值服務及高品質的管理，成為特用產品的最佳解決方案提供者，並且不斷改進以達成產業領導的目標。[11]
營利	匯豐汽車（汽車銷售服務業）	寶島永續稱雄，神州再造第一。[12]
非營利	財團法人雅文兒童聽語文教基金會	讓聽覺口語教學法成為華語族群兒童聽損療育的首選；期待臺灣沒有不會說話的聽損兒。[13]

社會，甚至全人類。2008年，創立近一百六十年的金融巨擘雷曼兄弟轟然倒地，當雷曼兄弟宣布申請破產保護，債務高達6,130億美元，透過財報掩蓋的500億美元鉅額債務終於攤在陽光下，影響層面擴及全球，引發前所未有的金融海嘯，世界各國無一倖免。這個事件凸顯出少數人利慾薰心、價值觀錯誤，為全球帶來新一波的經濟大蕭條。

　　將焦點從國際拉回我們身處的臺灣，看看前幾年現金卡的發行問題。當時，金融界著眼於借錢之後的高額利息，率先投入發行現金卡的銀行風光一時，財源滾滾，促動多家銀行爭先跟進。然而，經過理性分析，發現使用現金卡借錢的族群多半是入不敷出、無力負擔生活費用的一群人，銀行怎麼會認為他們有能力償還借款呢？又怎麼忍心讓這群人背負高利率的循環利息呢？果不其然，爆發了卡債風暴，當初投入現金卡行列的銀行，最後多以慘賠收場。

上述實例在在顯示，企業謀利需要有正確的價值觀及信念做為是非判斷的準則。因此，企業需深究全員深信不疑的核心價值觀，才能清楚界定立場，之後做任何決策或人才選用時，都必須以此為依歸，即使必須犧牲短期的利益也在所不惜。如此才能讓企業由上到下堅持一貫的信念，守護企業，使之歷久不衰。

在此舉出臺灣幾家營利及非營利組織訂定的價值觀供讀者參考，如表2-3所示。

表2-3　臺灣營利及非營利組織的價值觀釋例表

性質	名稱	價值
營利	臺灣積體電路製造股份有限公司（半導體產業）	誠信正直、承諾、創新、客戶信任[14]
營利	公隆集團（化學製造業）	誠信、創新、速度[15]
營利	匯豐汽車（汽車銷售服務業）	顧客第一、堅持品質、團結和諧、共創願景[16]
非營利	財團法人雅文兒童聽語文教基金會	·尊重個別差異，追求每位聽損兒童的最佳利益。 ·以團隊合作提供專業完整的療育與服務 ·鼓勵分享與傳承，以擴大聽語療育服務成效及影響力。 ·實踐利他精神，負責任、有效率的運用有限資源。[17]

企業價值觀的設定並非難事，但真正的挑戰在於後續的執行力道，在不悖離企業價值觀的前提下，專注於日常工作的運行，而企業中的每個成員也皆能各司其職，甚至主動擔當企業內部的守門員，堅持求善、揚善的企業價值觀，如此，除可讓企業在決策偏差時即時矯正，省下一筆可觀的損失，更將為社會帶來正向的影響力。

總之，使命、願景及價值觀對企業而言，是永續生存的經營理念及不可或缺的要素。一家企業的生存與盛衰，不能只著眼於對收入及支出有直接影響的因素，如客戶、投資者、供應商等，企業其實還需要依賴社會及社區提供許多重要的營運因素。舉例來說，若不是社會已設置了良好的公路網，企業的運輸成本肯定會昂貴許多。社會的治安情況及對教育的投資，亦會影響企業的營運。因此在決定企業的價值觀取向時，領導者不能忽視企業對社區和社會的責任。若企業的領導者能秉持「大我」之心來形成企業的使命；以「利人亦利己」的方向來形成願景，恪遵「正當的行為、端正的良心」為價值觀，肩負社會責任，例如關注社區發展或弱勢族群的照護，那麼消費者會更願意以行動來支持企業，企業亦能基業長青，達到永續經營的目的。

4. 組織的策略

　　企業在訂定明確的使命、願景及價值觀後，下一步即是策略的制訂。如前所述，企業策略有五種方向，到底該如何選擇呢？第一件要做的事，就是進行分析和評估。筆者經過長期理論基礎與實務運用緊密結合後，發展出SWOT計分卡（SWOT Scorecard）及SO計分卡（SO Scorecard）的分析體系，協助企業找到策略，甚至創新策略。

(1) SWOT 計分卡的分析體系：策略的形成

　　有關組織的策略形成，學者們各有不同的看法及做法，筆者在實務界推行策略形成系統多年，發現以SWOT計分卡來協助組織形成策略，非常順利且有效率，如表2-4所示。SWOT計分卡是由SWOT分析、BSC四大構面及風險評估結合而成的交叉矩陣，在每一個方格中（例

如：顧客構面的優勢／劣勢）放置對應的相關問題，讓企業高階主管在形成策略前，能有明確的討論方向，聚焦討論後才容易形成策略共識。

利用表2-4，可讓企業高階主管深入分析及討論真正擁有的優勢、劣勢、機會、威脅及所遭遇到的風險。高階主管透過填答問題表中每一方格對應的相關問題，釐清疑惑，進行思索，得出的明確答案可以降低策略討論上的歧見。由於高階主管在企業中扮演的角色不盡相同，對策略的解讀亦有所差異，因此藉由SWOT計分卡來解決企業策略形成時的困難，此系統化表格能讓高階主管在討論過程中逐步形成共識；除此之外，亦可協助高階主管深入的體悟企業真正具備的競爭優勢與面臨的威脅及風險，據以形成企業獨一無二的策略。

(2) SO計分卡的分析體系：創新策略的形成

臺灣中小企業因為資源有限，要永續發展及生存，需源源不斷的形成創新策略，為解決此一問題，因而有SO計分卡的發展，讓中小企業高階主管能大膽的發揮「優勢」且掌握「機會」。這個設計暫時跳過企業的劣勢及面臨的威脅，而將公司「內部優勢」及「外部機會」（SO）與BSC的財務、顧客、內部程序及學習成長四大構面加以整合成一體，故稱為「SO計分卡」。透過此卡，企業高階主管可以清楚的了解公司與競爭者相較具有哪些優勢，以及審視外部環境中有無可以快速掌握的好機會。又根據經驗顯示：運用SO計分卡再配合四項要件，很容易找出中小企業的創新策略，其內容如圖2-4所示。

SO計分卡的四大要件具體內容如下：

A. 明確的了解「顧客價值主張」的需求：此點至為重要，若不了

表2- 4　SWOT計分卡分析問題彙總表

	優勢(S)／劣勢(W)	機會(O)／威脅(T)	風險(R)
財務構面(F) • 財務表現 • 財務資源	• 財務表現與競爭者比較？(ex.毛利？營收規模？成本控管？) • 我們在財務資源的實力與籌措能力如何？	• 環境中取得財務資源的機會／威脅為何？(利率、匯率、資金成本？) • 財務表現在大環境中有何機會或潛在威脅？	• 財務構面(資金取得／匯率)的風險為何？
顧客構面(C) • 顧客/市場區隔 • 價值主張	• 從目標顧客眼中來看，我們提供的產品/服務價值與競爭對手比較優／劣勢如何？我們的特色何在？ • 在顧客關係的建立上我們有何優劣勢？ • 我們在顧客心目中的品牌形象與價值有何優劣勢？	• 市場需求及顧客價值主張的變化趨勢？ • 有哪些潛在市場或潛在顧客未開發？ • 哪些服務或潛在需求對顧客的價值性、重要性最大，卻仍未被滿足？ • 有哪些競爭者亦可提供類似服務？或這些服務被替代的可能性？	• 顧客構面(內／外部)的風險為何？
內部程序構面(IP) • 價值鏈 • 核心作業流程	• 就服務價值鏈上的核心作業來看，我們的特色在哪？優劣勢何在？ • 價值鏈中/作業流程上的優勢容不容易被複製？優勢可以持續多久？ • 我們有哪些核心資源可以帶給顧客最大的價值？有哪些資源不足，以至於無法滿足顧客的重要需求？	• 產業價值鏈(供應商＋顧客)與大環境的趨勢為何？價值會如何移動？有何機會與威脅？ • 產業中最佳標竿(含國外)為何？有哪些流程值得我們學習以滿足顧客的價值主張？ • 我們既有的資源、品牌、形象、關係是否可用來開創或轉至新的服務領域，帶給顧客更多的價值？	• 內部程序構面(供應鏈／流程變異)的風險為何？
學習成長構面(L&G) • 核心能力／技術／人員素質 • 資訊科技 • 組織文化	• 員工的素質和能力是否足以支援卓越的營運與滿足顧客的期待？ • 針對事業目標的達成，我們資訊化的程度是優勢或劣勢？ • 組織文化對營運是優勢還是劣勢？ • 員工是否有得到足夠的授權與激勵？ • 組織是否提供員工知識能力成長的機會和空間？	• 產業中有何技術或管理趨勢可能影響我們的營運？ • 環境是否有助我們取得核心技術，提升員工知識能力？ • 人力市場中的機會／威脅點何在？(ex.高素質策略人力資源的取得) • 資訊科技變化的趨勢為何？哪些資訊科技發展對我們具有正面/負面影響力？	• 學習成長構面(人才／IT)的風險為何？

策略的形成

出處：修改自吳安妮，2011 年 11 月，〈以一貫之的管理：整合性策略價值管理系統（ISVMS）〉，《會計研究月刊》，第 312 期，第 113 頁。

解顧客需要的價值主張，怎能找到創新策略？

B. 善用公司優勢來滿足「顧客價值主張」的需求：在公司優勢與顧客價值主張密切結合下，才易找到創新策略。

C. 透過「借力使力」思維來掌握外在機會：當外力可以彌補公司的不足時，不妨借助外力，找到創新策略。

D. 共贏及利他思維：唯有達到所有利益關係人皆能「共贏及共享」的境界，才能建構異體同心的穩固事業體，而且找到永續經營的創新策略。

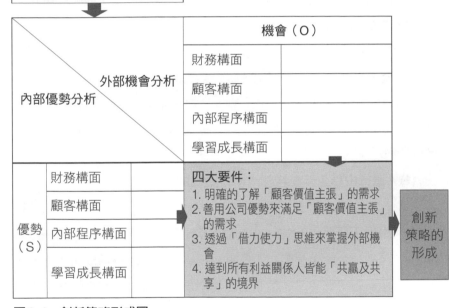

圖2-4　創新策略形成圖

出處：吳安妮，2017，〈談以 SO 計分卡形成「創新策略」〉，《哈佛商業評論》全球繁體中文版線上專欄。

臺灣長期以來以代工為主，尤其對中小企業而言，不同產業有不同的代工環境，由於未能建構穩固及差異化的事業體，所以歐美企業很容易以「價格戰」來摧毀我們，如此不攻自破下，哪會有如德國隱形冠軍企業的存在呢？臺灣企業必須更加「團結」及「共享」，若仍抱持你死我活、自私自利、互相殘殺的心態，不久的將來就會被國外的競爭對手消滅於無形。有鑑於此，在匯豐汽車前總經理李榮華先生的睿智建議及大力協助下，筆者每年於政治大學開設中小企業策略形成及執行系統實作課程，由企業主帶領中高階主管與學生共組團隊，每週從事個案實作，目前已開設十年，約有四十家中小企業參與，每家企業都能透過SO計分卡找到創新策略，並以BSC執行，希望此種做法能帶動臺灣中小企業的轉型及升級。

5. SO計分卡形成創新策略的釋例

運用SO計分卡中的「利用優勢，掌握機會」及四大要件的整合，極易形成創新策略的雛形。以下將以一家銀行及一家醫院為模擬個案，說明其形成創新策略的過程，供讀者參考。

(1) A銀行中小企業業務部門創新策略的形成

A銀行中小企業業務部門於2012年運用SO計分卡來形成創新策略。與競爭對手相比，A銀行中小企業業務部門的優勢及機會，在財務構面下，優勢為資金來源充裕，機會為資金借貸需求持續成長；在顧客構面下，優勢為了解客戶痛點並滿足其需求，以及滿足客戶快速資金的需求；機會為中小企業主對資金借貸以外的諮詢服務有強烈需求，以及服務業資金需求尚未被滿足，其詳細內容如圖2-5所示。

由圖2-5可知，A銀行中小企業業務部門了解公司的優勢及機會

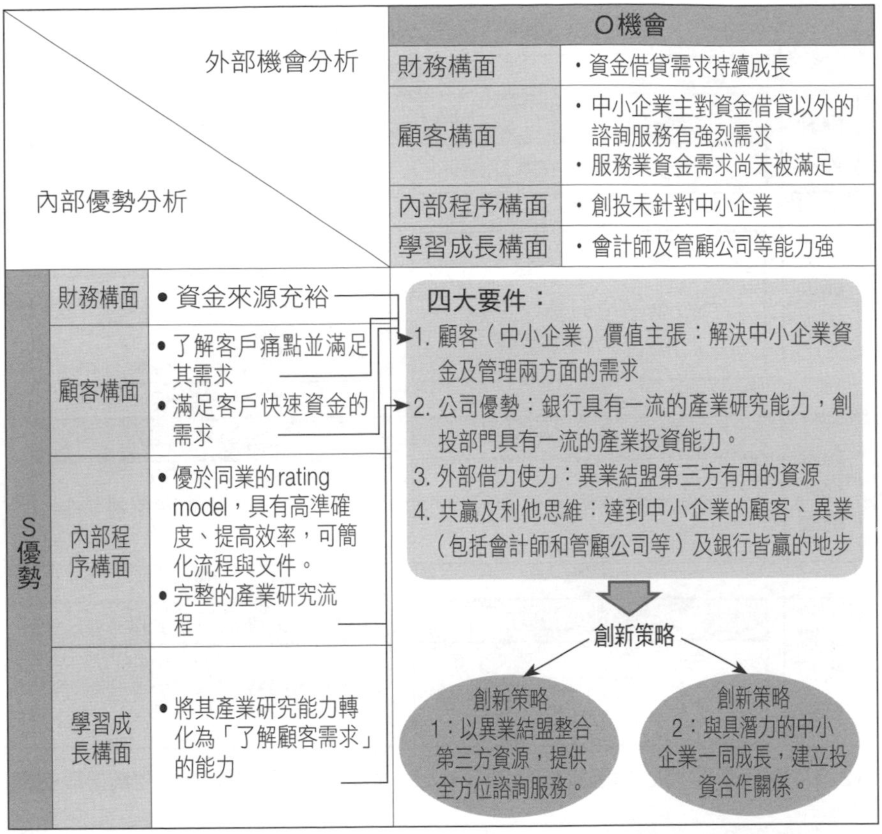

			O機會
外部機會分析		財務構面	・資金借貸需求持續成長
		顧客構面	・中小企業主對資金借貸以外的諮詢服務有強烈需求 ・服務業資金需求尚未被滿足
內部優勢分析		內部程序構面	・創投未針對中小企業
		學習成長構面	・會計師及管顧公司等能力強

S優勢	財務構面	・資金來源充裕
	顧客構面	・了解客戶痛點並滿足其需求 ・滿足客戶快速資金的需求
	內部程序構面	・優於同業的rating model，具有高準確度、提高效率，可簡化流程與文件。 ・完整的產業研究流程
	學習成長構面	・將其產業研究能力轉化為「了解顧客需求」的能力

四大要件：
1. 顧客（中小企業）價值主張：解決中小企業資金及管理兩方面的需求
2. 公司優勢：銀行具有一流的產業研究能力，創投部門具有一流的產業投資能力。
3. 外部借力使力：異業結盟第三方有用的資源
4. 共贏及利他思維：達到中小企業的顧客、異業（包括會計師和管顧公司等）及銀行皆贏的地步

創新策略

創新策略1：以異業結盟整合第三方資源，提供全方位諮詢服務。

創新策略2：與具潛力的中小企業一同成長，建立投資合作關係。

圖2-5　以SO計分卡形成創新策略圖──以A銀行中小企業業務部門為模擬個案

後，還需配合四大要件的內容，才能形成創新策略。就A銀行中小企業業務部門而言，四大要件之一的「顧客價值主張」為解決中小企業資金及管理兩方面的需求；滿足顧客價值主張的公司優勢：有一流的產業研究能力及創投部門具有一流的產業投資能力；外部借力使力為異業結盟第三方有用的資源，提供全方位諮詢服務給中小企業顧客；共贏及利他思維為達到中小企業的顧客、異業（包括會計師和管理顧問公司等）及

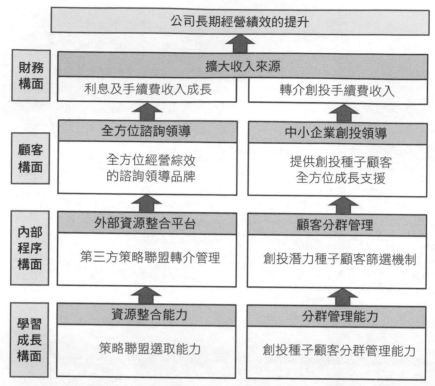

公司長期經營績效的提升

財務
構面　　擴大收入來源

利息及手續費收入成長　　轉介創投手續費收入

顧客
構面　　全方位諮詢領導　　中小企業創投領導

全方位經營綜效
的諮詢領導品牌　　提供創投種子顧客
全方位成長支援

內部
程序
構面　　外部資源整合平台　　顧客分群管理

第三方策略聯盟轉介管理　　創投潛力種子顧客篩選機制

學習
成長
構面　　資源整合能力　　分群管理能力

策略聯盟選取能力　　創投種子顧客分群管理能力

圖2-6　創新營運模式的因果關係圖——以A銀行中小企業業務部門為模擬個案

銀行皆贏的地步。透過SO計分卡及四大要件的不斷討論，形成兩大創新策略：1.以異業結盟整合第三方資源，提供全方位諮詢服務；2.與具潛力的中小企業一同成長，建立投資合作關係。A銀行中小企業業務部門創新策略下的創新營運模式因果關係，如圖2-6所示。

從圖2-6可以看出，在顧客構面有兩大主軸：一為全方位諮詢領導，另一為中小企業創投領導，從圖中可清楚的了解各構面的因果關係，非常值得企業界學習及參考。

(2) B醫院創新策略的形成

就臺灣目前的生活方式而言，大部分的民眾都以外食為主，而外食往往都是高油、高鹽、高糖的「三高」食品，對人體傷害不小，易導致許多慢性疾病，嚴重影響民眾的健康。有鑑於此，B醫院以本身擁有的優勢（專長），再結合外部機會及四大要件，形成B醫院特殊的創新策略，如圖2-7所示。

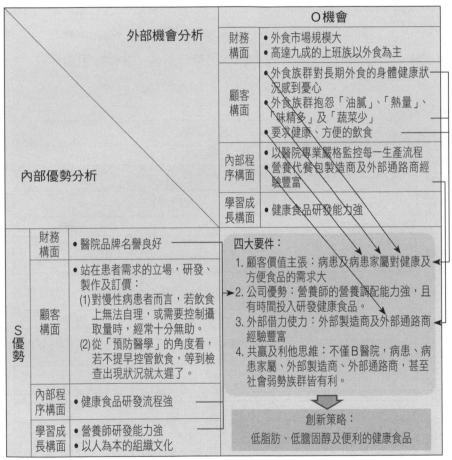

圖2-7　SO計分卡形成創新策略圖——以B醫院營養代餐包為模擬個案

由圖2-7可知，就顧客價值主張而言，病患及病患家屬對健康及方便食品的需求很大；B醫院符合顧客價值主張的優勢是，營養師的營養調配能力強，且站在病患立場思考，協助病患控制食物攝取量，並且能投入研發健康食品；而B醫院深知本身資源有限，無法自己製造及行銷健康食品，必須借助外部合作夥伴共同打造，例如：需借助外部製造商及外部通路商的豐富經驗；共贏及利他思維為讓病患、病患家屬、製造商、外部通路商及醫院，甚至社會弱勢族群皆有利的局面。總之，透過B醫院的SO計分卡及四大要件密切討論分析後，B醫院因而形成「低脂肪、低膽固醇及便利的健康食品」的創新策略。

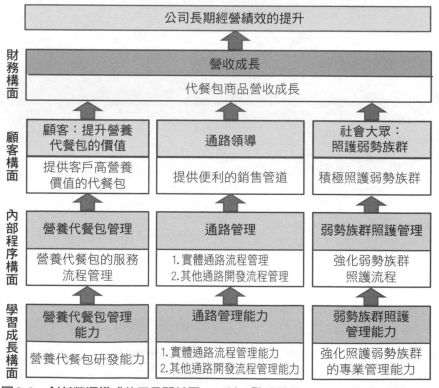

圖2-8　創新營運模式的因果關係圖──以B醫院營養代餐包為模擬個案

B醫院的使命為照護社會的弱勢族群,因而在創新策略中特別強調這點,因此將創造的收入部分分享給弱勢族群,召喚不同組織一起投入,打造一個大和諧及大幸福的社會。

有關B醫院創新策略下的創新營運模式因果關係,如圖2-8所示。

從圖2-8中可以清楚的了解在顧客面有三大主軸:1.顧客:提升營養代餐包的價值;2.通路領導;3.社會大眾:照護弱勢族群等具體且明確的內容。

上述兩個模擬個案為創新策略的形成及其創新營運模式的因果關係,這些是經營者心中的藍圖,可具體明確的呈現給全體員工,讓所有人了解組織的創新策略及創新營運模式的具體內容,促使組織由上到下、齊心協力朝同一方向前進。而組織的策略或創新策略形成後,如何落實與執行,即為「策略執行系統」該發揮的角色及功能。我們將在以下各章詳加說明策略執行系統的相關重點。

註解:

1:謝素芳,2007,〈策略與管理工具整合之綜效:以策略性人力資源管理為例〉,臺灣策略成本管理學會電子報 http://scmatw/epaper/2007/Jun/01-1.htm(最後瀏覽日期2017.01)

2:經濟部中小企業處,105年中小企業重要統計表 https://www.moeasmea.gov.tw/ct.asp?xItem=14250&ctNode=689&mp=1(最後瀏覽日期2018.01)

3:經濟部第一屆國家產業創新獎得獎專輯《交鋒－上冊》http://www.niia.tw/award_2.aspx(最後瀏覽日期2018.01)

4:台達集團官網 http://www.deltaww.com/about/company_ch.aspx?secID=5&pid=0&tid=0&hl=zh-TW(最後瀏覽日期2018.01)

5、註10、註14:臺灣積體電路製造股份有限公司官網 http://www.tsmc.com/

chinese/aboutTSMC/mission.htm（最後瀏覽日期2018.01）

6、註11、註15：公隆集團官網http://www.kellysgroup.com/aboutkelly_ch.htm

7、註12、註16：匯豐汽車官網http://www.30888.com.tw/

8、註13、註17：財團法人雅文兒童聽語文教基金會官網http://www.chfn.org.tw/index.aspx（最後瀏覽日期2018.01）

9：「我有一個夢」馬丁‧路德‧金恩為平權獻出人生http://www.chinatimes.com/realtimenews/20170117003282-260408

參考文獻：

1. 吳安妮，2011，〈以一貫之的管理：整合性策略價值管理系統（ISVMS）〉，《會計研究月刊》，第312期，第106-120頁。

2. 吳安妮，2017，〈談以SO計分卡形成「創新策略」〉，《哈佛商業評論》全球繁體中文版線上專欄，https://www.hbrtaiwan.com/article_content_AR0007038.html。

3. 周齊武、黃政仁、吳安妮，2012，〈平衡計分卡與風險管理之整合〉，《會計研究月刊》，第316期，第99-100頁。

4. 美國國會 COSO 委員會（The COSO of the Treadway Commission），2004，《企業風險管理：整合架構》（*Enterprise Risk Management: Integrated Framework*），http://wiki.mbalib.com/zh-tw/%E4%BC%81%E4%B8%9A%E9%A3%8E%E9%99%A9%E7%AE%A1%E7%90%86

多數企業在生存和發展過程中，伴隨著內外環境因素的變化，原本賴以維生的競爭優勢可能不復存在，致使企業陷入經營困境。此時，管理者必然開始思考：「是不是我們的策略出了問題？」策略大師麥克‧波特（Michael Porter）曾在《競爭優勢（上）》（*Competitive Advantage*）一書中提到：「許多企業之所以會失敗，是因為它們無法將競爭策略的概念轉化為具體的行動步驟。」將「日常營運的流程與策略連結」聽起來像是一句簡單的口號，然而其背後所蘊藏的，卻是一連串組織的激烈變革。

《執行力》（*Execution*）一書中亦提到：「策略失敗的原因大都是因為執行不力，而不在於策略本身。」由此可知，企業要永續經營，只評估策略的適切性是不夠的，應透過深入研究，找出企業策略執行力的缺失，並以客觀的視角提出建設性的改善方案，以求提高企業的經營績效，達成預期目標，一步步打造「策略核心組織」。

本篇共分為三章，第三章從知的層面，探討組織策略執行的障礙及BSC的具體內容；第四章從行的層面，說明如何透過BSC的設計及運用確實執行策略，使企業成為以策略為核心的組織；第五章則從知行合

一層面，説明如何透過BSC促成組織內外單位／部門的合作，進而產生綜效。

　　企業推行BSC時，能感受到它將整個組織聚焦在策略上的力量，達成這種策略聚焦效果的同時，組織已經超越執行策略的障礙，打破傳統以功能分工的藩籬，進而建立團隊合作的新文化。

參考文獻：

1. Bossidy, L. and R. Charan著，李明譯，2003，《執行力》，天下遠見出版股份有限公司。

2. Porter, M.著，李明軒、邱如美譯，2010，《競爭優勢（上）》，天下遠見出版股份有限公司。

第**3**章 策略執行障礙及平衡計分卡的具體內容——知的層面

企業要達到突破性的策略績效，必須兼顧策略品質及策略執行力，有些組織不缺品質好的策略，卻常被策略執行力不彰困擾。根據尼文教授（Paul Niven）2002年的研究，美國只有10%的組織能夠有效的執行組織的策略。BSC發展多年，已足以解決組織執行策略的障礙，把資源整合及聚焦在策略上，並將策略轉換為營運的術語，使策略成為一項持續性的管理過程，是一套協助組織落實使命、願景、價值觀及策略的有力工具。因此，為國內外實務界廣泛運用且影響力歷久不衰。

本章茲以知的層面探討策略執行的障礙，接著說明BSC為何能夠解決此困擾，以及它的具體內容。

一、策略執行的障礙

上一章反覆說明企業策略的重要性，正因策略對企業未來的發展至為緊要，故需要高階主管竭盡全力構思與商議。但是有了好的策略，更需要貫徹到底的策略執行力，兩者相輔相成，方能為企業開創新局。正

如母親孕育生命，歷經懷胎過程而誕生的孩子，需要悉心教導，才能成為人格健全、品德高尚的人才。

　　然而，哪些是導致企業的策略無法落實、效益無法彰顯的原因？筆者長期推動BSC後發現，大部分公司策略無法執行的原因與尼文教授於2002年在美國觀察到的很相似，大致可區分為四種障礙，如圖3-1所示。

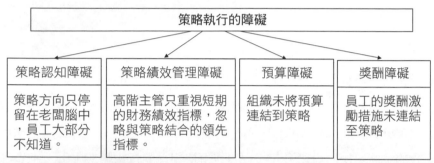

圖3-1　策略執行障礙圖

（一）策略認知障礙

　　臺灣大多數企業，尤其是中小企業的老闆都非常英明且具有策略思維，可惜這些思維都只停留在老闆腦中，大部分員工並不知道老闆在想什麼。只有老闆有策略思維是不夠的，能夠有效執行才具有真正的價值，若是所有員工對企業的策略及其意涵不夠了解或認知不足，那麼，他們的工作便難以與策略串聯，無法具體的執行老闆心中的策略。所以，造成策略執行力不彰的首要因素正是「策略認知障礙」。因此，如何將老闆的策略思維轉化為全體員工可以認知的話語，讓老闆及員工能異體同心的往前邁進，是策略執行力能否落實的首要關鍵。

（二）策略績效管理障礙

一般企業每個月會集結各部門主管針對營運情況進行檢討，以目前臺灣中小企業的經營情況觀之，大部分老闆都只重視短期的業績或財務績效指標的檢討。這樣的情境下，會引導主管將管理重心放在短期的業績或落後的財務績效管理上，而鮮少將時間投入在重要的策略及其執行力的績效檢討，這麼一來，就很難讓公司的策略被落實，故稱此現象為「策略績效管理障礙」。

（三）預算障礙

為落實策略，企業需採取必要的行動，而行動必須有足夠的預算做支撐。若企業預算未能與策略連結，落實策略之路勢難平坦。例如：為提升企業知名度，設計的策略行動方案是為企業進行一連串的「曝光宣傳」，但若沒有行銷人才及經費的投入，此策略行動方案必然窒礙難行，此即為「預算障礙」。

（四）獎酬障礙

當企業策略明確且下定決心徹底執行時，勢必改變內部許多工作性質、流程乃至優先順序。但對多數員工而言，他們既要履行營運面的工作，又要兼顧策略性的工作內容，為確保他們不會忽略與策略相關的工作，「獎酬制度」的設計便扮演舉足輕重的角色。員工通常非常關心自己的獎酬及升遷，若他們的獎酬能與公司的策略緊密結合，即可促使他們採取符合公司策略方向的行為，而不至於只為求短期表現，而損害公司長期策略的發展。反之，若員工的獎酬及升遷與公司策略的達成沒有

關聯性，必然無法驅動公司策略的執行，此為「獎酬障礙」。

二、BSC 的起源

1992年，哈佛大學柯普朗教授與創立諾朗諾頓研究所（Nolan Norton Institute）的諾頓博士，於《哈佛商業評論》（*Harvard Business Review*）公開發表BSC。BSC問世後，撼動了全球的管理學界，為全球企業在策略與績效管理實務揭開嶄新的紀元，其影響力更跨越世紀，舉足輕重。迄今已發展逾四分之一個世紀，在全球協助不少企業轉型，成為以策略為核心的組織，提升了企業的長期經營績效。

BSC之所以有如此大的影響力，在於它為策略執行的有力工具。在當今競爭日益激烈的環境中，企業為求生存及成長，以策略引導績效更是當務之急。遺憾的是，許多企業雖然強調顧客導向的策略，但在績效衡量上卻僅重視落後的財務性指標，企業策略與績效衡量缺乏連結的管理模式，導致策略無法有效執行，更遑論達成策略目標。

BSC不僅重視財務性指標，同時也強調顧客、內部程序及員工等其他構面的相關指標，將財務指標與非財務指標結合，重視領先指標與落後指標間的因果關係，可全方位落實企業使命、願景及策略的執行力。

臺灣目前已有不少企業實施BSC，但仍有些人質疑其功能及效益，原因何在？BSC為何無法展現其效益？經過長期學術及實務研究分析後發現：許多推行BSC的臺灣企業，僅僅將此制度視為關鍵性績效指標（Key Performance Indicators, KPI）管理，或視為績效評估的一環，而非穩紮穩打的從策略形成系統出發，先找到策略或創新策略後，再實施BSC。臺灣大部分採行BSC的企業，因為少了策略或創新策略當導引，

所以容易陷入各項指標的「分數」之爭，此與策略執行有效工具BSC
的初衷與精神背道而馳，漸行漸遠，非常可惜。這也是本書先談策略形
成系統，再論策略執行系統的緣故。

三、BSC 能解決策略執行障礙的理由

如前所述，我們已知策略品質與策略執行力對於企業能否達到突破
性的策略績效具有極大的影響力，而且兩者必須同時兼具。有些企業不
缺品質好的策略，但被策略執行力不佳所困擾。BSC正是一套協助企業
落實使命、願景及策略的有效管理工具，透過BSC，可以解決企業執行
策略的四大障礙，有效的聚焦及整合各種資源於相同的策略方向上，進
而提高策略的執行力。

為了解BSC為何可以解決策略執行障礙，首先讓我們先談談BSC
的具體內容，BSC具有四大構面、七大要素及四大系統，如圖3-2所
示。

由圖3-2中可知，BSC具有下列幾項具體內容：

（一）BSC四大構面間具有垂直的因果關係

BSC的四大構面包括：1.財務構面、2.顧客構面、3.內部程序構面
及4.學習成長構面。四大構面之間環環相扣，互為垂直因果關係，例
如：學習成長構面影響內部程序構面，進而影響顧客構面及財務構面。

（二）BSC七大要素間具有水平因果關係

BSC的七大要素包括：1.策略性議題、2.策略性目標、3.策略性衡

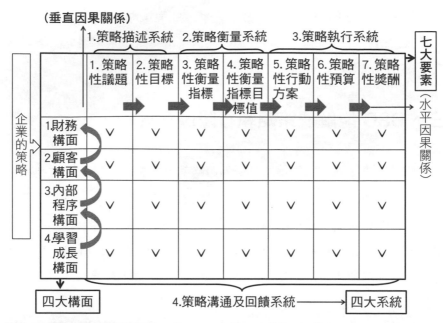

圖3-2　BSC的具體內容圖

出處：修改自吳安妮，2003 年 6 月，〈平衡計分卡之精髓、範疇及整合（上）〉，《會計研究月刊》，第 211 期，第 46 頁。

量指標、4. 策略性衡量指標的目標值、5. 策略性行動方案、6. 策略性預算及 7. 策略性獎酬等。七大要素彼此也具互為因果特性，稱為「水平因果關係」，例如：策略性議題會影響策略性目標及策略性衡量指標的設計，最終影響策略性獎酬的內涵等。

（三）BSC具有四大子系統關係

　　BSC四大子系統包括：1. 策略描述系統：包括策略性議題及目標、2. 策略衡量系統：包括策略性衡量指標及目標值、3. 策略執行系統：包括策略性行動方案、預算和獎酬、及 4. 策略溝通及回饋系統，其中策

略描述及衡量系統為策略達成的目的,而策略執行系統、溝通及回饋系統為策略達成的手段。BSC的推動得透過企業內部持續的溝通及回饋,才能充分貫徹上下一致的策略執行力。

由BSC的具體內容,我們得以發現策略描述系統包括策略性議題及策略性目標,可以解決策略存在於老闆腦中而員工不了解其意涵及目標的「策略認知」障礙;策略衡量系統包括策略性衡量指標及其目標值,可以解決「策略績效管理」障礙;而策略執行系統包括策略性行動方案、策略性預算及策略性獎酬,可以解決「預算」及「獎酬」障礙。所以BSC實為落實企業策略強而有力的執行工具。然而許多臺灣企業推動BSC時,因只重視其中的「策略衡量系統」,而忽略其需與前端的策略描述系統及後端的策略執行系統相互結合,又欠缺內部的溝通與回饋,亦即未與策略溝通及回饋系統結合,因而無法充分發揮BSC的功能與效益,致使BSC制度導入失敗,甚至影響企業全體員工對BSC的誤解與信任,甚為可惜。

如前所述,BSC的四大構面與七大要素之間,彼此有著契合無間的因果關係。利用四大構面的因果關係,可確保企業內部資源(人或資訊系統)及價值鏈管理緊密結合,同時兼顧企業外部利害關係人(如顧客及股東)的利益,可及早發現並解決各方的利益衝突;而七大要素的因果關係,能有效的偵測出策略性議題、目標、衡量指標與行動方案是否連結,以期有效的找出策略規畫與執行的缺口,避免組織績效無法順利達成。

我們將BSC的具體內容歸納為「四、七、四」的口訣:四大構面、七大要素及四大子系統,便於大家溝通及記憶。

四、BSC 的重點內容

　　BSC既然是協助策略落實的整合性管理工具，企業在正式導入之前，需有明確的策略來引導BSC的設計及建構。藉由BSC的導入，企業可以將使命、願景、價值觀及策略轉化為具體行動，並以「策略」引導四大構面的管理重點。這樣的思考模式，讓BSC跳脫了傳統績效衡量系統只重視指標選取的缺點，四大構面衍生出來的策略性目標（短／中／長期）、衡量指標以及行動方案，構成了一個兼顧內部與外部因素、反映過去與未來績效，以及均衡財務與非財務績效的「策略性管理系統」。

　　BSC的四大構面含括了企業運作的主體，首先企業需有資金來源，即股東的投資或融資（財務構面），並從顧客價值主張中提供顧客最需要的產品或服務（顧客構面），而後了解內部需要搭配的價值鏈流程及管理（內部程序構面），最後才知道公司需要的人才或IT（Information Technology, IT）系統（學習成長構面）。這一系列的邏輯化過程，正是企業運作的縮影，亦完整的呈現出四大構面的內容，如圖3-3所示。因此，透過BSC企業不僅能從財務構面衡量自身的財務績效，還能分別從顧客、內部程序以及學習成長構面的整合性觀點，來了解企業策略執行的缺口，做為改進的參考。

　　有關BSC四大構面的重點內容說明如下：

（一）財務構面：股東觀點 ── 提升財務績效

　　一般企業追求的財務目標，最終皆是增進股東價值。既然財務構面

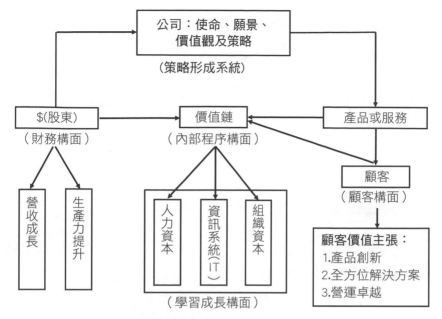

圖3-3　平衡計分卡四大構面剖析圖

主要強調企業利潤及股東價值的提升，因而其策略性議題，只有兩種選擇方向：營收成長及生產力提升。這兩種財務構面的策略性議題，有完全不同的策略性目標，一為促進收入增加，另一為促進成本及費用下降，亦即營收成長的策略為促進「長期」收入提升，而成本及費用下降則偏向「短期」生產力的提升，其內容如圖3-4所示。

（二）顧客構面：顧客觀點 — 提升顧客價值

　　公司為達成財務構面的目標，要先鎖定目標顧客，並且強化顧客構面的優勢，可以從思考「欲提供目標客群什麼樣有價值的產品或服務」觀點切入。

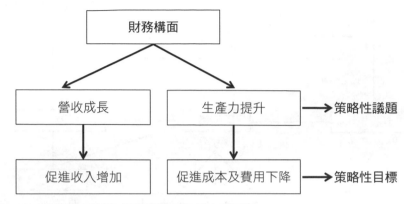

圖3-4 財務構面的策略性議題及策略性目標圖

　　企業應以「顧客價值主張」為核心，即了解顧客需要公司的產品或服務的價值為何？簡言之，顧客價值主張即是界定提供價值的來源，可以透過不同面向的構想，來吸引並維持目標顧客。此時，企業可以探討幾個問題：

1. 我們為「誰」創造價值？服務對象的區隔與選擇為何？

　　首先，要討論企業所提供的產品／服務會為「誰」帶來價值，例如：要上市的產品是一款美白保養品，因此把目標顧客鎖定在女性市場，然而，這樣的界定依然太廣泛，需要進一步聚焦。我們的產品究竟有哪些女性會感興趣？顧客的區隔要以年齡區分，抑或考量職業等其他因素？討論這些問題的過程中，需要數據資料佐證，才能進行有效率的討論。

2. 目標顧客的價值需求是什麼？

　　承上例，需釐清女性選擇美白保養品的訴求。唯有先區隔出目標顧

客群，才有辦法進一步討論顧客需求的價值，例如：鎖定的是喜愛戶外活動的女學生，她們的價值考量重點，可能是產品功能要良好，而且價格合理。

3. 環境的變化趨勢為何？會如何影響顧客價值需求？

企業應隨時掌握市場及外部環境的變化、競爭者的行動、消費者的需求等資訊，並時常思考當經營情境改變時，應採取何種因應措施，以及能否在變動中開創新的「價值需求」商機？

經過筆者長期的研究分析，顧客價值主張大致可以歸納為以下三種類型：

(1) 產品創新

產品領導的顧客價值主張，在於要讓顧客覺得企業的產品非常優越，透過持續創新且生產出具有高效能的產品，讓顧客願意花更高的代價購買。

現今全球暖化危機加劇，環保意識抬頭，除了不斷找尋替代能源，節能的新產品亦相繼產生，油電混合車即是當紅產物之一。其中，以 Toyota 集團旗下的油電混合車最為市場熟知，「HYBRID」原為集團旗下的節能車款，如今已成為節能動力車的代名詞。它訴求在不犧牲動力輸出表現的前提下，還能節省燃油及減少排碳量，其位居市場領導的研發技術及創新，提升了消費者的購買意願。Toyota 集團旗下的油電混合車，截至 2017 年 1 月，全球已銷售 1,005 萬輛，[1] 實為近年來產品創新的典範。[2]

產品創新此價值主張的另一奉行者是「蘋果電腦公司」（Apple Inc.）。

蘋果產品的創新包括：

A. iPod 數碼音樂播放器使用觸摸式感應操縱方式。

B. 獨家的 iTunes 網路付費音樂下載系統。

C. iPhone 手機不用鍵盤而是引入 multi-touch 觸控螢幕，獲《時代雜誌》選為「2007 年度最佳發明」。

D. MacBook Air 上市時，為全球最薄的筆記型電腦。

　　蘋果電腦成功透過提供與眾不同的創新產品，培養出一群產品的死忠擁護者，蘋果電腦的狂熱愛好者統稱「果粉」，屢屢締造新產品上市的搶購旋風。以 2014 年 9 月上市的 iPhone6 系列為例，開賣三日即銷售破千萬，其產品魅力不言可喻。[3]

(2) 全方位解決方案（total solution）

　　全方位解決方案的價值主張，表示顧客可以從企業的全方位解決方案服務之中得到最大的價值，公司致力於與顧客之間建立緊密的解決方案關係，提供顧客需要的客製化產品及服務。

　　於 2013 及 2014 連續兩年獲得「最佳國際快遞物流運籌供應商」殊榮的 DHL，即是全方位解決方案的成功例子。DHL 以歐洲市場為利基，在全球布局有成，更在亞太地區大舉投資，建立緊密的網路及運籌中心。DHL 除了提供大家熟知的主要服務，如：國際快遞、貨物運輸、倉儲配送外，DHL 更發展客製化附加服務，如：「產業方案」，像是發展低溫供應鏈服務來滿足生命科學／保健產業的特殊物流需求，並為客戶發展「供應鏈解決方案」，例如：協助製造廠內原物料、零組件

的物流服務。DHL善用自身的物流專業，不斷強化內部管理，積極為顧客創建更有效能的解決方案，與顧客同享共好共榮的經營環境。[4]

在臺灣，此類型公司可以近年來打出「揪感心Ａ」標語的「全國電子」為例，讓顧客清楚公司的訴求——站在顧客立場，發揮感動人心的價值。全國電子目前在臺灣的店面總數位居3C賣場第一名，它們的廣告語：「秉持著『本土經營、服務第一』的創業精神，同臺灣所有在地人一樣刻苦打拚，自我期許只要是顧客的價值需求，一定創造出『別人不能，我們能；別人不會，我們會；別人不做，我們做』的獨特價值。」[5]

(3) 營運卓越

營運卓越的顧客價值主張，是以提供「最低總成本」或是「最佳購買」為主旨，不以取悅每一種顧客為目的，而是整合企業價值鏈的每項作業，創造穩定一致的品質、無法抗拒的價格或高度的便利性，以建立無法被取代的營運優勢。

臺灣的企業大多是中小企業且以代工為主，因而多半以「營運卓越」為首要目標，但在追求品質好、成本低、速度快的基本條件下造成「紅海」的殺價，導致不少企業生存困難，若都以營運卓越為顧客價值主張，是很難長期生存的。就中小企業而言，現今正是轉型的關鍵時刻，因而建議未來應該以「產品創新」為第一優先，然後配合「全方位解決方案」。營運卓越已是基本要求，大家都應該要做得到，唯有如此才能使企業立於不敗之地，永保常春。

有關顧客構面的策略性議題及策略性目標的可能內容，如圖3-5所示。

產品創新	全方位解決方案	營運卓越	→ 策略性議題
提高創新產品的重購率	提高全方位解決方案的市占率	提供品質好、成本合理及快速的產品或服務	→ 策略性目標

圖3-5　顧客構面的策略性議題及策略性目標圖

（三）內部程序構面：內部觀點——提升核心流程管理

內部程序構面的重點，在於思考「為滿足顧客的價值主張需求，我們應加強的關鍵流程為何？」接著，進一步探討目前作業流程中最大的限制為何？這些限制會如何影響企業滿足顧客價值主張的需求？

具體來說，顧客構面的重點對內部程序構面影響甚深。例如：當公司在顧客構面採取「產品創新」此策略性議題時，在內部程序構面則會強化「創新研發管理」，如縮短新產品上市時間、強化產品研發管理；若在顧客構面採取「全方位解決方案」時，則內部程序構面得側重「全方位解決方案管理」；又若顧客構面採取「營運卓越」時，內部程序構面應加強「整合性營運管理」，如品質管理、產能管理、效率管理及成本管理等。有關顧客構面的策略性議題引導內部程序構面的策略性議題的內容，如圖3-6所示。

（四）學習成長構面：長期觀點——累積無形資產

值此競爭激烈的時代，企業深刻領悟人才是公司重要的無形資產之一，因此人力資本成了學習成長構面中的累積重點，個人成長與個人專業技能的發展，對公司能否維持或創造出競爭優勢，具有決定性的影

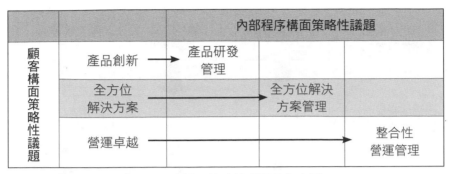

		內部程序構面策略性議題		
顧客構面策略性議題	產品創新 →	產品研發管理		
	全方位解決方案	→	全方位解決方案管理	
	營運卓越	→		整合性營運管理

圖3-6　顧客構面引導內部程序構面策略性議題的內容圖

響。另一方面，企業內部資訊科技（IT）的基礎建設，也會影響未來成長的速度和能力；舉例來說，若公司迄今還沒有利用網路或電子郵件傳遞產品或服務訊息的資訊建設，則可能喪失許多來自網際網絡的商機。而影響整個企業成長與發展的另一要素，莫過於內部的「企業文化」，當內部洋溢不斷追求成長的氛圍，員工彼此之間的學習能量活躍，就能互相學習成長。

　　企業要繁榮發展，應營造一個使員工滿意、使生產力與向心力全面提升的環境，例如：較具人性的管理方式、不斷學習的工作機會或是較優渥的報酬等，這些因素可以幫助公司找到並且留住有能力、願意一起打拚的人才，企業才有可能持續成長與突破。

　　BSC內部程序面的策略性議題，會引導學習成長構面的策略性議題，進而影響組織無形資產長期建構的方向及內容，如圖3-7所示。

　　從圖3-7中可清楚看出，當內部程序構面為產品創新管理時，其學習成長構面則需強化產品創新人才及相關IT的能力，且要有企業創新文化的配合；若內部程序構面為全方位解決方案管理時，其學習成長構面則需強化全方位解決方案的人才及相關IT的能力，且要有企業團隊

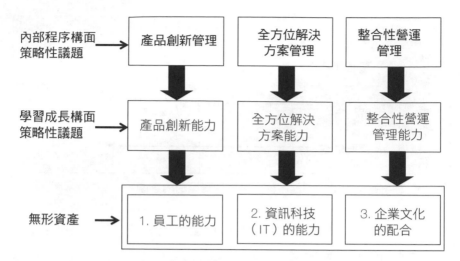

圖3-7　內部程序面策略性議題引導學習成長面策略性議題及無形資產的內容圖

合作文化的配合。當組織了解內部程序及學習成長構面的策略性議題後，即能長期累積無形的人力、IT及組織資本。

註解：

1：udn 新聞網 https://autos.udn.com/autos/story/7825/2297403（最後瀏覽日期 2018.01）

2：豐田汽車官方網站 http://www.toyota.com.tw/

3：蘋果電腦官方網站 http://www.apple.com/tw/
　　自由電子報 3c 科技 http://3c.ltn.com.tw/news/14002（最後瀏覽日期 2018.01）

4：DHL 官方網站 http://www.dhl.com/en.html

5：全國電子官方網站 http://www.elifemall.com.tw/ allnewweb/index.php

參考文獻：

1. 吳安妮，2003，〈平衡計分卡之精髓、範疇及整合 (上)〉，《會計研究月刊》，第211期，第45-54頁。

2. Kaplan, Robert S., and David P. Norton. "The Balanced Scorecard: Measures That Drive Performance". *Harvard Business Review*, Jan.–Feb. 1992.

3. Niven, P. R., 2002, *Balanced Scorecard Step By Step: Maximizing Performance and Maintaining Results*, John Wiley & Sons, Inc, p.9.

4. Niven, P. R., 2002, *Balanced Scorecard Step By Step: Maximizing Performance and Maintaining Results*, John Wiley & Sons, Inc, p.190-194.

第**4**章　平衡計分卡的設計步驟及運用精髓 —— 行的層面

　　經過多年的實務印證，BSC已愈形完備且逐漸展現成效。姑且不論其發展趨勢，我們就其最核心的功效來解明其設計步驟及運用精髓。策略地圖是BSC最核心的要素，是高階管理者和員工執行策略的有力溝通工具，組織中的每一層級，都可以依策略地圖所揭示的四個構面的因果關係加以展開，而各層級在同樣的構面上又互相獨立、依賴與支援。如此一來，組織的策略就有了上下承接的關係，讓組織的策略得以執行，而不致淹沒於繁雜的日常作業之中。

　　雖然大家公認BSC為整合性的管理制度，但運用初期難免感到亂無章法，不知該如何執行，而且，BSC的推動並不是一時性的專案，而是一場組織變革，需長時間塑造，成為公司的DNA，方能將策略執行力深植於組織之中。這樣重大的變革更需要系統性及結構性的設計步驟，因此，本章以行的層面具體說明BSC的設計步驟及運用精髓，讓讀者深入的了解BSC如何在組織內設計及運作，做為企業實施BSC的參考依據。

一、BSC 的設計步驟

如前所述BSC有七大要素，在實際導入BSC 的過程中，共有八大步驟，如圖4-1所示。從圖4-1可知BSC設計的八大步驟中，包括BSC的七大要素及策略性診斷。

步驟	內容
1	策略性議題的形成
2	策略性目標的形成
3	策略地圖的形成
4	策略性衡量指標及目標值的形成
5	策略性行動方案的形成
6	策略性預算的形成
7	策略性獎酬的形成
8	策略性診斷——水平與垂直缺口分析

圖4-1　BSC的實施步驟圖

茲針對BSC八大步驟的重點內容，逐一說明如下：

（一）策略性議題的形成

BSC 發展的第一步是將企業的策略轉換成BSC的第一要素：策略

性議題。策略性議題可說是策略的縮小版，用簡潔、有力的句子來表達企業的策略內容，這樣的做法使策略變成琅琅上口的標語，除了讓員工容易記住之外，還可做為內部溝通的共同語言，不僅可以讓企業內部的策略溝通更有效率，也可透過一致化的語言，凝聚內部的策略共識，進而塑造符合策略發展的企業文化。

策略性議題具有下例三個特色：

1. 策略性議題能夠表達策略主要成分的描述語句，是透過高階主管深謀遠慮及溝通協調而形成，策略性議題為承接組織策略的重要關鍵，因而為BSC的第一要素。
2. 大多數公司的策略都與顧客有關，因而通常先形成顧客構面的策略性議題後，再以其為主軸，運用BSC因果關聯的邏輯觀念，進一步引導出財務、內部程序及學習成長構面的策略性議題，重點在於策略性議題必須能夠顯示BSC四大構面的垂直因果關係。
3. 策略性議題通常採用易於了解與記憶的簡單語言來表達，是協助組織的高、中階主管及員工將策略內化的有力要素。

在此，我們模擬A公司從策略形成策略性議題的過程。A公司有兩個策略，其中策略一：提供「創新性產品」給利基型客戶，因而導出BSC顧客構面的策略性議題1：產品創新領導；策略二為提供客製型客戶「全方位解決方案」的服務，因而導出BSC顧客構面的策略性議題2：全方位解決方案領導，如圖4-2所示。

接著，以BSC顧客構面的策略性議題為首，引導出財務、內部程序及學習成長構面的策略性議題，其導出過程如圖4-3所示。就以「產

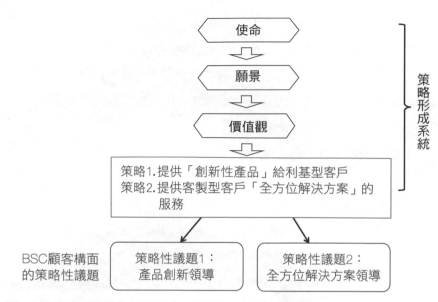

圖4-2　策略引導策略性議題的形成圖：以A公司為例

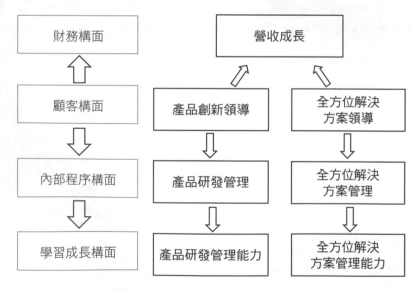

圖4-3　策略性議題的導出圖：以A公司為例

品創新領導」為例，可以導出財務構面的「營收成長」、內部程序構面的「產品研發管理」及學習成長構面的「產品研發管理能力」；而顧客構面的「全方位解決方案領導」導出財務、內部程序及學習成長構面的過程，與「產品創新領導」一樣。

（二）策略性目標的形成

策略性目標是指為達到策略性議題所必須付出的努力，以及預計達成的成果或目標。策略性目標問的是「要達到什麼成果或目標」，是策略性議題到策略性衡量指標之間的橋梁，因此，它在BSC中扮演非常關鍵的角色。策略性目標和策略性議題之間的連結度要非常高，向下發展出來的策略性衡量指標與行動方案才有助於公司策略的執行，讓企業的資源聚焦在與策略相關的事物上。正因為策略性目標非常重要，在形成過程中，需經過公司內部中高階主管的腦力激盪、反覆分析討論，形成執行策略的共識目標，它是讓策略能更具體化執行的重要步驟，圖4-4為A公司由策略性議題開展至策略性目標的示意內容。

從圖4-4可知，就顧客構面的策略性議題「產品創新領導」而言，其策略性目標為「提供專業的創新產品」，又「全方位解決方案領導」的策略性目標為「提供客戶滿意的全方位解決方案」及「提供具競爭力的解決方案」，其他構面內容不再贅述，請讀者自行參看。

發展策略性目標的過程中，難免發生目標過多的情況，此時，可以進一步將策略性目標區分為短、中、長期，然後分層執行與管理，由此可以解決策略性目標繁多，造成策略地圖過於複雜不利溝通的問題。有關BSC的中長期或短期的策略性目標釋例內容，如圖4-5所示。

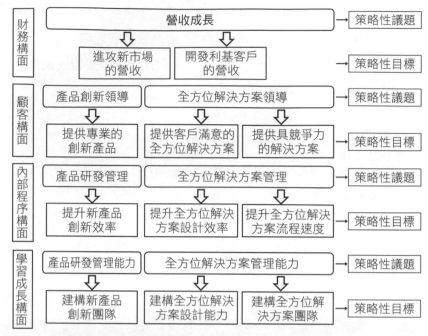

圖4-4　策略性議題引導策略性目標形成圖：以Ａ公司為例

（三）策略地圖的形成

　　策略地圖是一種描繪策略執行因果關係的架構圖，協助公司將其策略內涵依BSC的四大構面具體呈現。透過策略性議題與策略性目標的形成，進而釐清企業的策略方向。因此策略地圖的形成過程即是企業內部形成策略共識的路徑。簡言之，策略地圖包含策略性議題及策略性目標兩項組成要素。

　　策略地圖可以將企業所欲創造的策略成果以及相對應的驅動因素，在一連串具有邏輯的因果關係上完整的呈現，據此，策略地圖可以幫助公司：

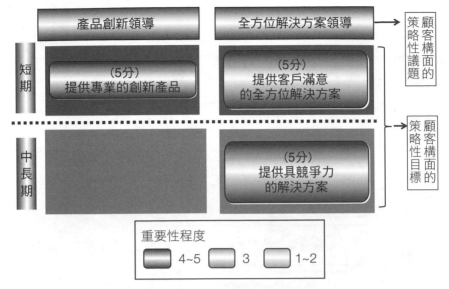

圖4-5　顧客面的短中長期的策略性目標圖：以A公司為例

1. 明確的呈現企業的策略方向。

2. 描繪出清晰的四大構面的因果關係。

3. 解釋企業用何種方式將無形資產轉化為財務面的有形資產。

　　策略地圖的應用能增進策略執行的因果思考邏輯，並激發創新的方法落實及執行策略。此外，它可以有效的用來做逆向分析（reverse-analyses），協助檢視現有的四大構面的因果關係是否與策略吻合，是否具備一致性及完整性。企業可將BSC的策略性議題及目標內容，依其邏輯還原成原先策略的形貌。承上述A公司的例子，我們以策略1：產品創新領導發展出A公司的部分策略地圖，如圖4-6所示。

　　從圖4-6可知，就策略性議題而言，學習成長構面的「產品研發管

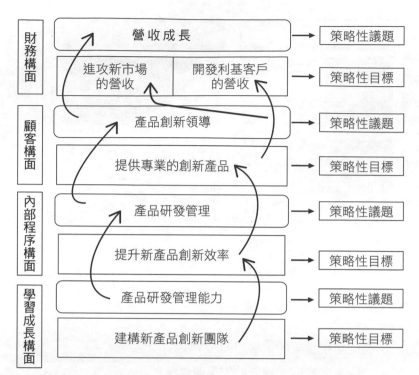

圖4-6　策略地圖形成圖：以Ａ公司的「產品創新領導」為例

理能力」會影響內部程序構面的「產品研發管理」，進而影響顧客構面
的「產品創新領導」，最終影響財務構面的「營收成長」。又就策略性
目標而言，其影響途徑也與策略性議題一樣，學習成長構面的「建構新
產品創新的團隊」會影響內部程序構面的「提升新產品創新效率」，進
而影響顧客構面的「提供專業的創新產品」，最終影響財務構面的「進
攻新市場的營收」與「開發利基客戶的營收」等目標。

（四）策略性衡量指標及目標值的形成

1. 策略性衡量指標的形成

　　策略性目標確定後，接下來即是要設定策略性衡量指標SPI。管理大師彼得・杜拉克（Peter F. Drucker）有句名言：「沒有衡量，就沒有管理」，一語道出企業執行策略最殷切的重點。企業為每一個策略性目標所選擇的衡量指標，務求能完全展現策略性目標的效果，因而企業應盡可能採用非常重要的單一指標，來具體衡量策略性目標的落實度，如此才易達到力量集中及聚焦的好效果。

　　策略性議題及目標至衡量指標的訂定過程環環相扣，策略性衡量指標的訂定之所以艱難，追溯根源，問題通常出現在策略性議題及目標，乃至最源頭的策略不明確或不具體，自然無法形成對的衡量指標。在實務上，當策略性議題及目標非常具體明確時，自然會出現策略性衡量指標，否則就表示策略性議題及目標不明確，這時不要花太多時間思考及討論策略性衡量指標的形成，而是要將心力投注在策略性議題及目標明確且具體化上，因此，策略性衡量指標可說是檢驗策略性議題及目標的前哨站。

　　設計策略性衡量指標時，應注意「SMART原則」：

(1) 具體明確（specific）：不同的人對衡量指標需有一致的解讀與認知。

(2) 可衡量的（measurable）：掌握完整、沒有遺漏的資料來源，確認指標可取得、可以計算且可衡量，並進一步評估衡量的成本效益。

(3) 可達成度（achievable）：在人力、成本及時效等前提下，設定有難

度但也有能力達成的挑戰性指標。

(4) 有既定的結果或效果（result oriented）：衡量指標必須與所欲達成的策略性目標有密切的結果性。

(5) 有明確的時間期限（time）：衡量指標必須要能明確反應評估的時間期限。

　　SMART原則是從彼得‧杜拉克於《管理的實務》（*Management: task, responsibilities, practices*）中提出的目標管理所衍生的。[1]除上述原則外，設計策略性衡量指標時，必須避免訂定出蒐集成本過高、易操弄且造成負面效果的指標。

　　舉例來說，一般常見的指標如「顧客重覆購買率」，是衡量顧客對公司的產品或服務的滿意程度，顧客愈滿意則重覆購買的比率愈高，該指標聽起來似乎很合理，但從SMART角度出發，就能明白「顧客重覆購買率」不一定適用於各個產業。以醫院為例，「顧客重覆購買率」等同衡量醫院的「再回診率」，這個指標合適嗎？首先，回診率似乎符合「具體明確」與「可衡量的」兩大原則，但進一步思索此指標可達成度時，就會出現分歧的意見。站在病患的角度來說，重覆進出醫院，是看診品質不佳抑或是醫生醫術不好，不容易界定，而且「再回診率」高的指標，真的能為醫院帶來正面的加分效果嗎？在此例中，我們發現使用「病人願意推薦數」此指標，似乎更為合理。由此可知，指標的訂定，並非模仿抄襲，而是需要不斷的投入心力，發掘出最符合組織及產業所需，能與組織的使命、願景及策略相連結，又具有使策略性目標達成的好指標。

　　除了上述指標設計需注意的原則外，亦需將衡量指標的管理意涵、

覆核週期、過去表現以及資料來源等資訊一併調查清楚並具體列出。透過覆核週期的訂定，促進相關執行及管理人員定期檢討該指標的表現；而重要程度的訂定，可以協助公司篩選出重點管理指標，有效提升管理效益。值得一提的是，策略性衡量指標不宜過多，否則不但管理不易，也容易失焦。依經驗，BSC四大構面的策略性衡量指標總數最好在二十個左右，因為衡量指標「貴在精、不在多」，即使短期內只有五個關鍵性指標，就能確實協助組織有效的管理策略執行的重點，讓組織航向正確的方向，成功達陣。

另外，衡量指標的類型有很多種，按不同特性可分為以下兩類；一為「領先或落後」，另一為「投入、營運、產出或成果」。一般而言，學習成長構面、內部程序構面及顧客構面的指標，多為領先指標及投入、營運與產出指標，而財務構面的指標則為落後指標與成果指標。

相對於產出及成果指標，投入指標及營運指標都是較領先的指標，為確保策略執行所需資源的充足性及執行過程的管控指標；產出指標是策略執行第一個階段的成果，為衡量目標顧客對於組織各項行為的初步反應，例如：目標顧客的購買數量。但是對於所有的營利組織來說，更重視財務數字最後的表現，也就是成果指標。舉一個貼近日常生活的例子，如果某人設定今年的目標為「健康有效果的減重」，在健康、有效果的前提下，若以「運動」的方式來達成此目標，則投入指標為「運動時間」、營運或流程指標可能為「每次運動消耗的卡路里」、產出指標則可能為「體脂肪降低百分比」，而最後的成果指標則是「減重公斤數」。像這樣可以運用在日常生活中的例子不勝枚舉，讀者可以自行發揮創意。[2]

承上述A公司的例子，我們列示A公司在策略性議題1：產品創新

表4-1　策略性衡量指標的形成表：以Ａ公司的「產品創新領導」為例

構面	策略性議題	策略性目標	策略性衡量指標
財務	營收成長	進攻新市場的營收	新市場在創新產品的營收成長倍數
		開發利基客戶的營收	利基客戶在創新產品的營收成長倍數
顧客	產品創新領導	提供專業的創新產品	創新產品的顧客成長率
內部程序	產品研發管理	提升新產品創新效率	新產品開發的進度
學習成長	產品研發管理能力	建構新產品創新團隊	新產品創新團隊的核心人才數

領導下的策略性衡量指標的形成內容，如表4-1所示。

　　從表4-1可知，顧客構面的產品創新領導下的策略性目標為「提供專業的創新產品」、策略性衡量指標為「創新產品的顧客成長率」，其他構面的策略性衡量指標的具體內容如表4-1所示。

　　總之，衡量指標使企業能直接驗證策略性目標的達成度或貢獻度，並給予管理階層一個績效衡量的標準，亦為驅動員工行為的關鍵，是用來做為評估和傳達實際績效與期望（預期）績效差距的準則。

2. 策略性衡量指標目標值的形成

　　不同於BSC的其他要素，策略性衡量指標的目標值必須發揮靈活的特性。目標值訂定所牽涉的範圍不只是公司及個人績效，企業內部的鬥志與信心也是關鍵因素。目標值訂得太高，大家很可能因達不到而提早棄械投降；訂得太低，顯得毫無挑戰性且無法達到企業績效的要求。那該如何訂出可達成又不好高騖遠的目標值？此時，企業的管理者即擔

表4-2　策略性衡量指標的目標值形成表：以A公司的「產品創新領導」為例

構面	策略性議題	策略性目標	策略性衡量指標	策略性衡量指標目標值
財務	營收成長	進攻新市場的營收	新市場在創新產品的營收成長倍數	1倍
		開發利基客戶的營收	利基客戶在創新產品的營收成長倍數	1.5倍
顧客	產品創新領導	提供專業的創新產品	創新產品的顧客成長率	20%
內部程序	產品研發管理	提升新產品創新效率	新產品開發的進度	85%
學習成長	產品研發管理能力	建構新產品創新團隊	新產品創新團隊的核心人才數	10人

任舉足輕重的角色，需與部門成員抱持剖析毫釐的精神，設定出既可提升整體士氣的短期目標，又能聚焦在長期策略方向的目標值。

　　承上述A公司的例子，我們試著形成A公司的策略性衡量指標的目標值，如表4-2。

　　從表4-2可知「創新產品的顧客成長率」目標值為20％，而新產品開發的進度為達到85％。

（五）策略性行動方案的形成

　　企業內部通常有許多行動方案，但有些行動方案與既定的策略目標毫無關係，而且還會互相爭奪有限的資源。策略性行動方案是由BSC的策略性議題、策略性目標及策略性衡量指標一步步發展而來的，相較於一般性的行動方案屬於公司內基本的營運性計畫，策略性行動方案的

設計應與公司的策略性目標緊密結合。

　　策略性目標描述了企業所欲達成的目的，而策略性行動方案則是為了達到目的應採取的行動，當設計出和策略攸關的衡量指標後，就要進一步思考該怎麼做（how to do）才能達成所訂的目標及衡量指標，而這「怎麼做」的彙總就是「策略性行動方案」。

　　策略性行動方案的產生，可採取以下的思考步驟：

1. 了解實際與理想的績效差距

　　發展策略性行動方案時，首先需了解企業目前的績效水準，以及在BSC設計下的理想績效或期望目標值之間的差距有多少，要如何做才能達到所訂的目標及指標。

2. 了解現有行動方案

　　為了要決定哪些是策略性的行動方案，必須先向管理團隊（包括高階主管、經理人員、部門負責人及策略規畫部門等）蒐集企業內部正在執行的所有行動方案的相關資訊。

3. 辨認現有行動方案與策略性目標的關聯性

　　完成上述步驟後，即可針對這些行動方案進行檢視，描繪現有行動方案與策略性目標的關聯性，評估行動方案對於策略性目標的達成是否有貢獻。進行此一步驟時，必須清楚的界定策略性目標的意涵，並了解行動方案的內容及預期結果，找出行動方案中具「策略性攸關」者。

4. 區分與策略性目標有關及無關的現有行動方案

我們必須區分兩種行動方案：一種是策略性行動方案，與策略性目標有關的行動方案；另一種則是一般性行動方案，此與策略性目標毫無關聯。

5. 發展新策略性行動方案的大方向

透過上述四個步驟，即可發展出新的策略性行動方案的大方向，此新的策略性行動方案需有執行的意願、明確的計畫及專案範圍、時間規畫、合理的預算及投入資源的承諾等，發展新策略性行動方案時的思考方向如下：

(1) 現有流程有無透過改善專案讓成本效益極大化的機會？例如：目前流程是否合理？是否有自製外包的決策議題？

(2) 為達成策略性目標及績效，我們應該增加哪些投資？例如：是否有新產品／新供應商／新產能／新市場／新通路／新顧客的開發需求？是否有新技術或專利取得的機會？

(3) 如何強化內部的管理效益？例如：是否有管理制度或資訊系統導入或引進的需求？

設計 BSC 時，若有策略性目標或衡量指標，卻沒有相對應的策略性行動方案，則應發展新的策略性行動方案，績效差距過大時，應依目標值的缺口大小來決定改進幅度，提出持續性改進的策略性行動方案。此外，若發現衡量指標缺乏資訊時，表示組織缺乏相關的管理技術、流程或制度，因而需透過策略性行動方案的建立來確保衡量指標資訊的取

得，進而達成策略性目標。

6. 訂出策略性行動方案的優先順序

由於企業的資源有限，因此必須將策略性行動方案加以排序，以決定資源分配的優先順位。排序時必須依相同的標準，尼文博士認為最重要的標準因子，是策略性行動方案對策略性目標達成的影響程度，但也不可忽略成本等其他因素。相關的標準因子如表4-3所示。由表4-3可知策略性行動方案的評估準則包括五項：策略連結性、資源需求、完成

表4-3　策略性行動方案優先順序評估釋例表

策略性行動方案優先順序表								
評估準則	權重	說明	行動方案A		行動方案B		行動方案C	
			得分：原始分數（1~10，1：最低，10：最高）	加權計分	得分：原始分數（1~10，1：最低，10：最高）	加權計分	得分：原始分數（1~10，1：最低，10：最高）	加權計分
策略連結性	45%	對策略目標達成的影響程度	7	3.2	2	0.9	4	1.8
資源需求（關鍵人員）	20%	包括時間等，關鍵人員成功需具備的資源。	6	1.2	6	1.2	8	1.6
完成所需時間	10%	預期完成時間	5	0.5	8	0.8	8	0.8
相依性	10%	此行動方案若要成功，其他方案影響的程度。	8	0.8	9	0.9	8	0.8
總成本	15%	包括人力、物力的總成本	8	1.2	8	1.2	9	1.4
小計	100%		34	6.9	33	5.0	37	6.4

出處：修改自 Niven, P. R., 2002, *Balanced Scorecard Step By Step : Maximizing Performance and Maintaining Results*, John Wiley & Sons, Inc., p.194.

所需時間、相依性及總成本等因子，根據不同的行動方案加以評估。

由表4-3中可知，行動方案A的加權計分為6.9最高，次之為行動方案C，最後為行動方案B。

7. 策略性行動方案的最後底定

透過上述六大步驟分析後，即已到達策略性行動方案的最後底定階段，承上述A公司的例子，在策略1的向下發展中，我們形成A公司策略1的顧客構面的策略性議題：「產品創新領導」，其策略性行動方案為「產品創新及行銷計畫」，如圖4-7所示。

（六）策略性預算的形成

企業每年皆會編列預算，但若沒有與策略整合，在預算編列會議上，某些對企業策略有重大影響的專案，往往因為金額過高而遭到否決。因此，除了需要編列一般營運性的預算之外，還要編列與公司策略連結的預算，以支持公司的策略執行力。在此建議「策略性預算」應與公司原本編列的「一般性預算」區分，獨立編列與管控，且每年度編列與檢討的時間點，應配合公司策略檢討時程一同進行。有關策略性預算與一般性預算的區分內容，如圖4-8所示。從圖4-8了解A公司的策略性預算占60%，一般性預算占40%。

在BSC的架構之中，策略性行動方案與策略性目標直接連結，因此透過策略性行動方案的形成，即可據此為策略性行動方案編製相關預算，此即為策略性預算。我們以A公司為例，說明策略性行動方案與策略性預算的關係，如圖4-9所示。

構面	策略性議題／策略性目標	策略性衡量指標	目標值	策略性行動方案
財務	營收成長　進攻新市場的營收　開發利基客戶的營收	新市場在創新產品的營收成長倍數	1倍	
		利基客戶在創新產品的營收成長倍數	1.5倍	
顧客	產品創新領導　提供專業的創新產品	創新產品的顧客成長率	20%	產品創新及行銷計畫
內部程序	產品研發管理　提升新產品創新效率	新產品開發的進度	85%	
學習成長	產品研發管理能力　建構新產品創新團隊	新產品創新團隊的核心人才數	10人	

圖 4-7　策略性行動方案形成圖：以 A 公司的「產品創新領導」為例

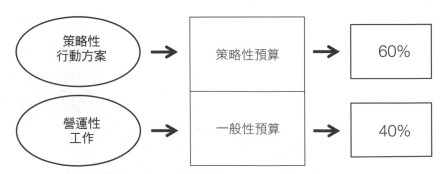

圖 4-8　策略性預算與一般性預算差異圖：以 A 公司為釋例

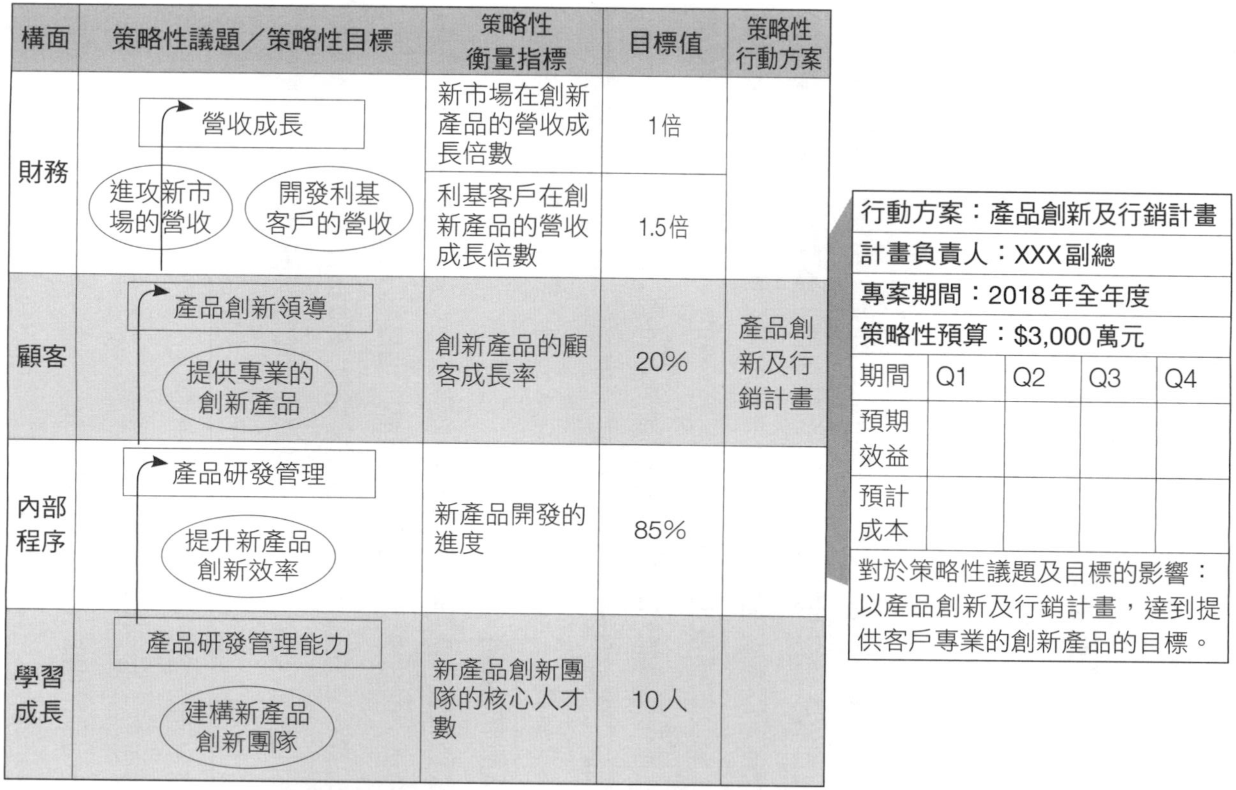

行動方案：產品創新及行銷計畫

計畫負責人：XXX副總

專案期間：2018年全年度 策略性預算：$3,000萬元

期間	Q1	Q2	Q3	Q4
預期效益				
預計成本				

對於本策略性議題及目標的影響：
以產品創新及行銷計畫，達到提供客戶專業的創新產品的目標。

構面	策略性議題／策略性目標	策略性衡量指標	目標值	策略性行動方案
財務	營收成長〔進攻新市場的營收／開發利基客戶的營收〕	新市場在創新產品的營收成長倍數	1倍	
		利基客戶在創新新產品的營收成長倍數	1.5倍	
顧客	產品創新領導〔提供專業的創新產品〕	創新產品的顧客成長率	20%	產品創新及行銷計畫
內部程序	產品研發管理〔提升新產品創新效率〕	新產品開發的進度	85%	
學習成長	產品研發管理能力〔建構新產品創新團隊〕	新產品創新團隊的核心人才數	10人	

圖4-9 策略性行動方案與預算結合圖：以A公司的「產品創新領導」為例

出處：修改自 Niven, P. R., 2002, *Balanced Scorecard Step By Step : Maximizing Performance and Maintaining Results*, John Wiley & Sons, Inc., p.194.

從圖4-9中可以清楚了解，產品創新及行銷計畫此策略性行動方案的預算為3,000萬元。

（七）策略性獎酬的形成

BSC的最後一個要素為策略性獎酬。若無策略性獎酬制度的配合實施，BSC甚難落實。企業內部成員，包括高階主管、中階主管、基層主管及前線員工，為提升策略執行力，必須由上往下連結，總公司或各事業單位制訂的策略性議題及目標，需由部門承接，再分層由組別及個人承接。內部層級的每項策略性目標和衡量指標，都應能支援上一層級的目標與指標，以達成整體策略目標及指標的整合性。除了策略性目標的結合外，員工的獎酬也必須同時與企業、部門、組別及個人的績效連結，方能確保組織策略性目標的展開與個人目標一致。

透過設定策略性衡量指標的權重，可以進一步進行整體績效的評分，做為獎酬發放的依據，如表4-4以A公司「產品創新領導」為例的策略性獎酬形成內容。

就實務而言，就算未導入BSC，企業也有一般的獎酬制度來激勵員工達成目標，而此處所說的策略性獎酬，則是為了激勵企業全體員工，由上到下齊心戮力達到BSC中各項策略性績效指標值，進而達成策略目標，因此特別強調BSC的執行需要與策略性獎酬機制結合，方能影響全體員工。策略性獎勵方式因公司而異，如上例A公司以發放股票來勉勵策略執行的結果。然而，績效獎酬制度，猶如一把由各種誘因鍛造而成的雙面刃，每一揮舞，必定驚天動地。若是舞得巧妙，可以營造出士氣如虹的戰鬥團隊，創造組織的綜效；反之，若是無視其危險性而亂砍一通，組織內必定亂象叢生。正因為獎酬發放牽涉的層面太廣，設計

表4-4　策略性獎酬形成表：以Ａ公司的「產品創新領導」為例

構面	策略性議題	策略性目標	策略性衡量指標	權重	目標值	實際值	評分
財務	營收成長	進攻新市場的營收	新市場在創新產品的營收成長倍數	20%	1倍	0.7倍	13.3
		開發利基客戶的營收	利基客戶在創新產品的營收成長倍數	10%	1.5倍	1倍	8
顧客	產品創新領導	提供專業的創新產品	創新產品的市占率	30%	20%	15%	22.5
內部程序	產品研發管理	提升新產品創新效率	新產品開發的進度	20%	85%	80%	18.8
學習成長	產品研發管理能力	建構新產品創新團隊	新產品創新團隊的核心人才數	20%	10人	8人	16

策略性獎酬 ➡

90分以上：股票6張	70~79分：股票2張
80~89分：股票4張	60~69分：股票0張

計78.6分

公平、合理的獎酬制度絕非信手拈來的易事。經過多年的知行合一運轉，並不建議BSC導入初期便立即與企業的獎酬制度連結，而是先確實蒐集、評量各項策略性衡量指標，待公平性獲得大家認同，召開績效會議後再進行獎酬的連結，避免造成欲速則不達的反效果。此點不得不謹慎。

（八）策略性診斷——水平與垂直缺口分析

1. 缺口分析的目的：

所謂缺口分析，即是以BSC設計的架構為理想，與公司營運現況

做比較，檢視公司策略邏輯思考的因果關係（垂直）與策略執行要素（水平）是否有缺口。從事策略缺口分析的目的在於：

(1) 了解組織目前策略執行的現況與BSC設計下七大要素的差異情況：
水平缺口分析（策略落實問題）：重點在於檢視組織是否將BSC的七大要素：策略性議題、策略性目標、策略性衡量指標及目標值、策略性行動方案、預算分配與獎酬制度等，具有邏輯因果的串聯及整合，落實策略執行力。
(2) 了解組織目前策略執行的情況與BSC設計下四大構面的差異情況：
垂直缺口分析（策略因果邏輯問題）：重點在於檢視BSC四大構面的因果關係，了解組織在策略執行上，不同構面是否存在邏輯清楚及明確的因果關係。
(3) 缺口診斷結果可以做為組織執行策略時的指引，引導組織向理想設計的BSC方向及內容發展。

2. 缺口分析的種類：

如前所述，缺口分析包括水平及垂直兩類，分別說明如下：

(1) 水平缺口分析

就水平缺口分析而言，BSC有四大構面及七大要素，每一構面的七大要素之間是否具有邏輯清楚的因果關係，例如：每一構面是否有差異化的策略性議題，而策略性議題之下是否有得以承接的策略性目標及衡量指標等。串聯上若無法銜接即產生水平缺口，表4-5為水平缺口的A公司例子。

表4-5　水平缺口分析表：以Ａ公司為例

	策略性議題	策略性目標	策略性衡量指標（SPI）
財務構面	？（水平缺口）	？（水平缺口）	新市場在創新產品的營收成長倍數
顧客構面	？（水平缺口）	？（水平缺口）	創新產品的顧客成長率
內部程序構面	？（水平缺口）	提升新產品創新效率	？（水平缺口）
學習成長構面	產品研發管理能力	？（水平缺口）	？（水平缺口）

從表4-5可知，就財務構面而言，Ａ公司的現況有一策略性衡量指標為「新市場在創新產品的營收成長倍數」，然而策略性議題與策略性目標卻無任何相關內容，在此情況下，財務構面有策略性議題與目標的水平缺口。

就顧客構面而言，Ａ公司的現況有一策略性衡量指標為「創新產品的顧客成長率」，然而策略性議題及策略性目標卻沒有內容，顧客構面因而出現策略性議題及目標的兩大水平缺口。

上述Ａ公司的缺口狀況，是目前企業在經營管理上常犯的錯誤，只注重關鍵衡量指標（SPI），卻未清楚明確的描述策略性議題及策略性目標的具體內容，此為倒果為因的做法，只訂衡量指標卻不知引導衡量指標的策略性議題及目標的內容，進而無法評估SPI的選取是否合理且正確。

企業除了常犯Ａ公司上述的兩種錯誤外，還有其他可能產生的問題。再以表4-5為例，Ａ公司的內部程序構面有「提升新產品創新效率」

的策略性目標，卻缺乏對應的策略性議題，亦無相關的策略性衡量指標，因此策略性議題與衡量指標均為水平缺口。A公司只有策略性目標，沒有引導的策略性議題及被引導的策略性衡量指標，怎能落實策略執行力呢？又如A公司在學習成長構面上有「產品研發管理能力」此策略性議題，卻無具體的策略性目標及衡量指標可支援，因此員工對如何達成該策略性議題無所適從，影響策略的執行力。

分析水平缺口之後，建議組織應從事水平缺口的改善建議，以A公司的「產品創新領導」為例，說明水平缺口的改善建議，如表4-6所示。

從表4-6中可清楚的了解A公司在設計BSC前後的差異，以及未來擬改善的建議方向，供企業改進策略執行力的參考。

表4- 6　水平缺口改善建議表：以A公司的顧客構面的策略性議題及目標為例

策略性議題		策略性目標		理想與現況的差異：缺口分析	為解決水平缺口的未來改善建議	解決水平缺口的層級		
						總公司	SBU	其他
產品創新領導	理想：無　現況：無	提供專業的創新產品	理想：無　現況：無	現況皆無策略性議題及目標	建議由總經理帶領高階主管開會釐清並且產出在「產品創新領導」策略下，BSC的策略性議題及目標的內容。	✓		

(2) 垂直缺口分析

所謂垂直缺口，是指從BSC四大構面因果關係的角度進行診斷，觀察學習成長構面、內部程序構面、顧客構面是否緊密相扣，否則就會影響到財務構面的結果。總之，只要任何一個構面無法串聯，隨即產生垂直缺口。

以Ａ公司的策略性議題為例，如圖4-10所示，在圖左邊可看出Ａ公司在策略1下，設計BSC之前缺乏顧客構面的策略性議題，因而有垂直缺口產出。而圖右邊可看出在策略2下，內部程序構面的「全方位解決方案管理」的策略性議題，沒有顧客構面對應的策略性議題；學習成長構面亦無相關的策略性議題，來支援該內部程序構面的策略性議題的達成，因此顧客與學習成長構面的策略性議題皆產生垂直缺口。

　　垂直缺口指出組織在設計BSC之前，往往在策略邏輯上出現跳躍性思考的問題，尤其是組織經常缺乏外部股東或顧客的觀點，只熱中於內部程序的管理，如流程再造（Business Process Re-engineering, BPR）或全面品質管理（Total Quality Management, TQM）等提升生產力的管

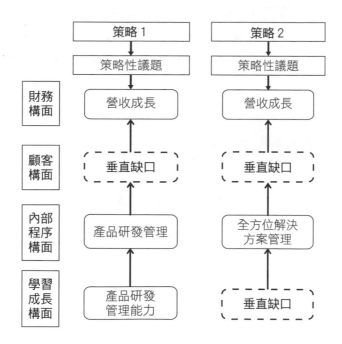

圖4-10　垂直缺口分析圖：以Ａ公司的策略性議題為例

理制度，卻不清楚推行這些制度的目的，失敗就容易產生。其實，學習成長構面的人才是企業經營的根基，透過BSC的設計，可清楚檢視組織在學習成長構面的人才與資訊科技、內部程序構面的各項管理制度及顧客構面的行銷資源配置是否恰當。

從事垂直缺口分析之後，建議應具體產出垂直缺口改善建議，更明確的指出公司未來該改進的方向。以A公司的「產品創新領導」策略性議題為例，其內容如表4-7所示。

從表4-7中可清楚的了解垂直缺口的改善建議，以及解決層級的具體內容。

我們在第三章及第四章，已為讀者詳盡介紹BSC的具體內容，以及BSC的設計步驟及運用精髓，從最前端的策略形成至策略執行的要點及細節，希望讀者能透過這些內容，對BSC有更深入的認知和理解。下一章將說明如何透過BSC的執行，發揮企業整體「一加一大於二」的綜效。

表4-7　垂直缺口改善建議表：以A公司的「產品創新領導」為例

顧客構面的策略性議題	內部程序構面的策略性議題	學習成長構面的策略性議題	為解決垂直缺口的未來改善建議	解決垂直缺口的層級		
				總公司	SBU	其他
垂直缺口	產品研發管理	產品研發管理能力	建議由總經理帶領高階主管開會，解決顧客構面策略性議題的垂直缺口。	✓		

註解：

1：「SMART」原則是從管理大師彼得‧杜拉克於《管理的實務》中提出的目標管理所衍生的。http://wiki.mbalib.com/zh-tw/SMART%E5%8E%9F%E5%88%99

2：劉欣姿，2009，〈BSC 系列報導（三）：策略性衡量指標的設計——選擇指標至確認資料來源〉，臺灣策略成本管理學會電子報 http://scmatw/epaper/200 9/Oct/01-1.htm (最後瀏覽日期 2017.01)

參考文獻：

1. Niven, P. R., 2002, *Balanced Scorecard Step By Step: Maximizing Performance and Maintaining Results*, John Wiley & Sons, Inc, p.190-194.

第 5 章

平衡計分卡達到組織綜效 ——知行合一的層面

前面的章節裡，闡述了企業策略形成系統，也詳細的說明如何透過 BSC 來執行策略。然而，策略的執行需要企業內各部門的配合，如同演奏一首動人心弦的交響樂，指揮需給予各樂器群組明確的指令，何處該展現出富有音樂性的起伏及強弱，各群組需齊心一致聽從指揮指示，才能演奏出和諧又充滿節奏變化的絕妙樂音。策略執行亦復如是，如何擺脫各行其是的部門藩籬，讓各部門得以攜手合作，為企業策略齊心努力，創造出異體同心的綜效成果，是企業經營者企足而待的深切期望。本章先以知的層面，詳細說明如何運用 BSC 達到組織綜效的目的，為企業締造加乘的經營績效，然後以行的層面，舉例說明企業內策略事業單位（Strategic Business Unit, SBU）及共享服務單位（Shared Service Unit, SSU）的 BSC 設計方向及內容，俾達成組織綜效的功能。

一、何謂組織綜效

柯普朗和諾頓在《策略校準》（*Alignment: Using the Balanced*

Scorecard to Create Corporate Synergies）一書中指出，組織整體價值來自「企業衍生價值」及「顧客衍生價值」的總合(P.65-69)，進一步來說，組織整體價值著重於協調，促進各單位之間的合作，這也是總公司（Headquarters, HQ）的策略重點所在。我們經常可見SBU及SSU均有優異能力，但就組織整體而言，卻未能獲得突破性的績效，追根究柢，發現問題出在各部門／單位缺乏共同溝通的策略性議題，而且各部門／單位的目標可能有所衝突，致使組織綜效不易彰顯，不僅浪費資源，也痛失先機。

由於各SBU之間或SBU與SSU間的協調與合作，唯有透過HQ推動組織整合，方能順利達成，因此，HQ應積極扮演統籌的角色，若能進一步將HQ、SBU、SSU、董事會及外部夥伴的策略性議題加以整合，即易發揮組織綜效的價值，展現1+1>2的效益。簡言之，企業衍生價值是HQ藉由整合所創造的綜效，此即為企業衍生價值。而HQ或各SBU的策略主要在於以顧客價值主張為核心，創造產品與服務的獨特性，符合顧客價值主張的需求，若策略定位正確，顧客應會持續購買，從而創造HQ或各SBU的顧客價值提升，此為顧客衍生價值。本章主要探討當企業擁有多個SBU、SSU及面臨各種外部夥伴等複雜關係時，如何發揮組織綜效的相關議題。

二、組織綜效的重點內容

（一）組織綜效的種類

既然本章旨在解決組織綜效無法凸顯的問題，我們首需了解組織綜

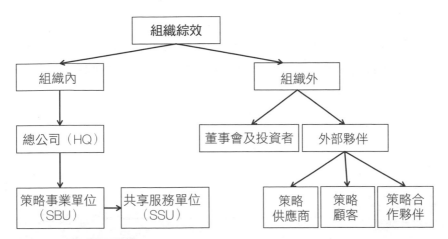

圖 5-1　組織綜效的種類

出處：修改自吳安妮導讀推薦文。Kaplan, R., and D. Norton 著，高子梅、何霖譯，2006 年，《策略校準》，臉譜出版社，第 18 頁。

效的種類。一般而言，組織綜效包括組織內及組織外兩大部分，其內容如圖5-1所示。

　　由圖 5-1 可以明白，若要凸顯組織綜效，需要多方整合，除內部 HQ、SBU 及 SSU 外，還需與外部的投資者及夥伴共同合作，方能展現企業的實質綜效。

（二）組織綜效的來源

1. 組織內部

　　如前所述，組織整體價值的來源為企業衍生價值及顧客衍生價值的總合，茲說明如下：

(1) 企業衍生價值

　　各SBU的績效並不代表企業整體績效，因此企業衍生價值與組織綜效有密切的關聯性。企業衍生價值有兩種，如圖5-2及圖5-3所示。

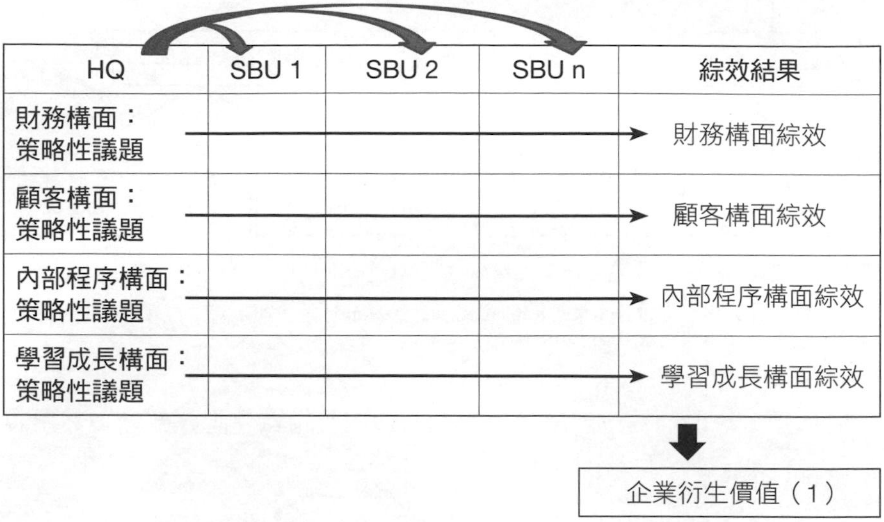

圖5-2　總公司衍生的價值圖：HQ與SBU的結合

出處：修改自吳安妮導讀推薦文。Kaplan, R., and D. Norton著，高子梅、何霖譯，2006年，《策略校準》，臉譜出版社，第21頁。

　　各SBU跟隨HQ各構面的策略性議題運轉時，BSC四大構面的綜效才會產生出來，如圖5-2所示。第二種則為企業中的SSU，像是HR、IT及財務部門，如何承接HQ或SBU的策略性議題，間接發揮其重要的支持角色，協同達到企業衍生的最大價值，如圖5-3所示。總之，HQ與SBU的結合及HQ或SBU與SSU的緊密結合，都可以讓企業衍生價值極大化。

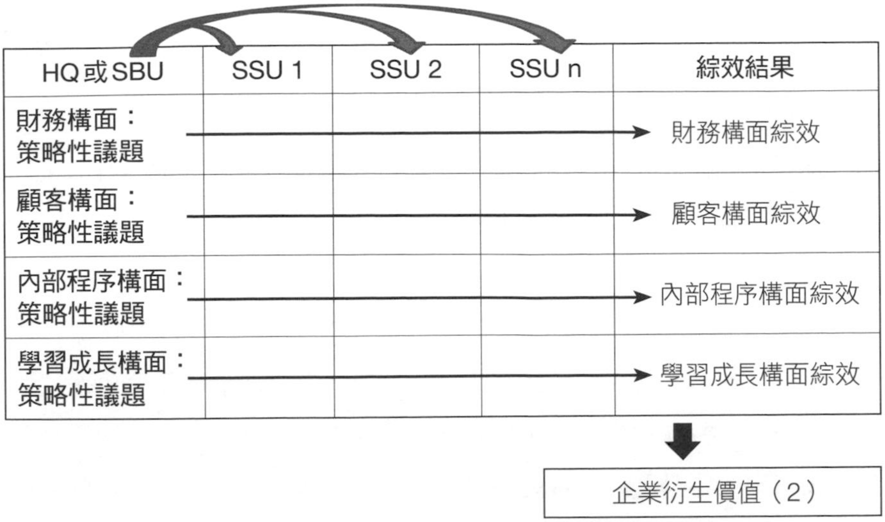

HQ 或 SBU	SSU 1	SSU 2	SSU n	綜效結果
財務構面： 策略性議題				財務構面綜效
顧客構面： 策略性議題				顧客構面綜效
內部程序構面： 策略性議題				內部程序構面綜效
學習成長構面： 策略性議題				學習成長構面綜效

企業衍生價值（2）

圖5-3　總公司衍生的價值圖：HQ或SBU與SSU的結合

出處：修改自吳安妮導讀推薦文。Kaplan, R., and D. Norton 著，高子梅、何霖譯，2006 年，《策略校準》，臉譜出版社，第 21 頁。

(2) 顧客衍生價值

　　如前所述，以BSC的觀念為核心，顧客衍生價值即為顧客價值主張，也就是說，HQ或各SBU價值的創造，主要來自於顧客衍生的價值，因而只要掌握好顧客價值主張的確實需求，HQ或各SBU的財務績效即可獲得預期的效益。

2. 組織外部

(1) 董事會及投資者

　　美國安隆案發生後，人們開始注意到董事會的角色及功能，透過BSC可以將公司的策略、策略性議題、目標及衡量指標等，跟董事會、投資者或財務分析師報告，讓他們能更清楚了解公司的策略方向及策略

執行的績效，做為檢討及改善的參考。

(2) 外部夥伴

與外部夥伴建立策略聯盟關係，針對共同目標設計不同的計分卡，相互溝通，創造雙贏。有關與外部夥伴的連結說明如下：

A. 策略供應商計分卡：強調策略供應商的價值，例如原物料功能、研發能力、技術獨立性等策略績效，進而形成策略供應商計分卡，協助找到對的策略供應商。

B. 策略供應鏈計分卡：強調整體策略供應鏈的價值，以創造整體供應鏈的績效，進而形成策略供應鏈計分卡，與整體策略供應鏈夥伴進行深度溝通及合作。

C. 策略顧客計分卡：了解關鍵顧客短中長期的價值主張需求，進而形成策略顧客計分卡的內容，協助與策略顧客做深度的溝通及合作。

D. 策略合作夥伴計分卡：透過策略合作夥伴來補足企業能力的不足，強化自身的實力，因而形成策略合作夥伴計分卡的內容，進而與策略合作夥伴溝通與協調。

E. 策略併購計分卡：透過策略併購計分卡，建立併購後各單位的共同語言及方向，進而塑造併購後的共識及文化。

三、組織綜效未能發揮的主因

雖然大家都知道組織要整合才能發揮綜效，但仍有許多組織無法如

願達成，原因何在？可歸納為以下三點：

（一）企業沒有明確且具體的策略方向

當企業策略方向不明確且不具體時，容易導致各部門沒有可依循的方向，各自設定目標，以致多頭馬車且力量分散的亂象。

（二）企業策略未傳達到組織內各個單位

策略落實的第一要務即是讓各部門甚至員工對策略有深刻的理解，然而知易行難，要讓每位員工了解策略意涵並非易事，需要不厭其煩的溝通，方能將一致的策略訊息傳遞給全體員工，否則策略難以落實，更遑論產生綜效。

（三）部門間存在本位主義及溝通不良

大多數企業利用功能別設置部門，各部門因長期職能集中，因而逐漸形成專業分工的組織型態，常會因對某領域（如：行銷、研發、製造等）愈專業，愈以自己部門為本位，難以跳脫部門專業性框架的思維，各單位之間就難以溝通合作，更遑論整合。

以上三點是各部門缺乏步調一致的全面性策略及跨部門的共識與合作，此時，正可透過BSC的整合及聚焦特質，解決組織整體綜效無法發揮的難題。

四、BSC 協助達到組織的綜效

BSC 協助達到組織的綜效包括兩種：HQ 與 SBU 結合的 BSC，及 HQ 或 SBU 與 SSU 結合的 BSC，如下所述：

（一）HQ 與 SBU 結合的 BSC

SBU 包括下列兩種單位：

1. 直接面對顧客、負責盈虧任務的單位：如金控集團下的保險分公司或銀行分行。
2. 雖不負責盈虧，但其工作與外部顧客有直接相關的單位：如研發部門或生產部門等，此等部門雖為「成本導向」單位，但大都附屬於一個大的 SBU 之下，例如：智慧型手機的生產部門仍屬於 SBU 的一環。

依據前述，HQ 的 BSC 發展步驟是依四、七、四的步驟進行，而 SBU 的 BSC 首應承接 HQ 的 BSC 第一要素——策略性議題，接著發展 SBU 本身的策略性目標，形成自身的策略地圖。有關 SBU 發展 BSC 的過程可分為以下步驟：

1. **總公司策略性議題的承接**：HQ 擔綱組織整體方向的導航重責，策略方向的執行則需由 SBU 來承接與落實，故此階段 HQ 策略性議題的定義與具體溝通，是極為重要的任務。對於 HQ 各項策略

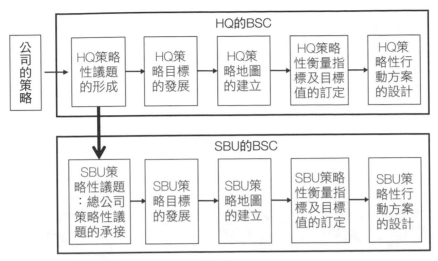

圖5-4　SBU承接HQ的BSC展開流程圖

性議題及目標，都需要由相關主管及流程負責人再度確認其詳細內容及定義，此步驟目的在於強化組織內部的策略共識，有助於未來發展各SBU的BSC時的聚焦與具體落實。有關SBU承接HQ的BSC展開流程，如圖5-4所示。

HQ的BSC底定後，各SBU開始以HQ的策略性議題做為遵循準則，依據其所面對的競爭市場、組織功能及關鍵流程，選取適宜的策略性議題，發展SBU層級的BSC第一要素——策略性議題。SBU主管需自HQ的策略性議題中，選取對該SBU有影響力且適宜發展的策略性議題，或者可新增能使該SBU產生競爭優勢及獨特性的策略性議題，如圖5-5的A個案公司釋例。

由圖5-5可知SBU1承接了HQ的兩項策略性議題：產品創新領導及全方位解決方案領導，而發展出自己特色的策略性議題——

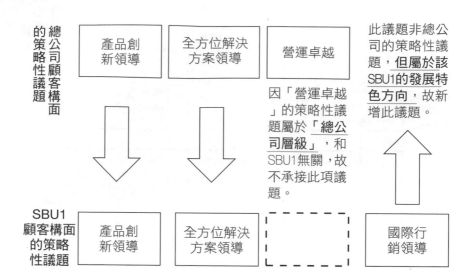

圖5-5　HQ與SBU1顧客構面的策略性議題關係圖：以A個案公司為例

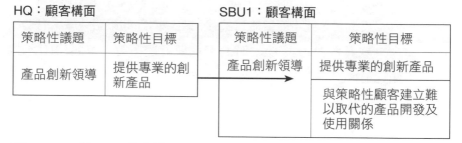

圖5-6　HQ與SBU1顧客構面的策略性目標關係圖：以A個案公司為例

國際行銷領導，因SBU1的獨特角色為負責「國際行銷」工作。建議SBU的特色議題不要太多，尤其中小企業最好只以一個特色議題為原則，否則易發散且失去聚焦功能，以致無法達到組織的綜效。

2. **SBU策略性目標的發展**：當SBU形成策略性議題後，即可參考

總公司的策略性議題及策略性目標，思考SBU自己的策略性議題，進而發展出具有特色的策略性目標，圖5-6說明SBU1的策略性目標發展內容。

從圖5-6中可以了解SBU1的策略性目標，有一項承接自HQ的策略性目標，另一項則為SBU的獨特性策略性目標「與策略性顧客建立難以取代的產品開發及使用關係」。

3. **形成SBU策略地圖**：確定SBU的策略性議題及目標之後，即可著手架構SBU的策略地圖，圖5-7列示SBU1的部分策略地圖內容。當SBU1的策略性目標完成後，即可據以發展策略性衡量指標、目標值、行動方案、預算及獎酬等BSC其他要素，其發展

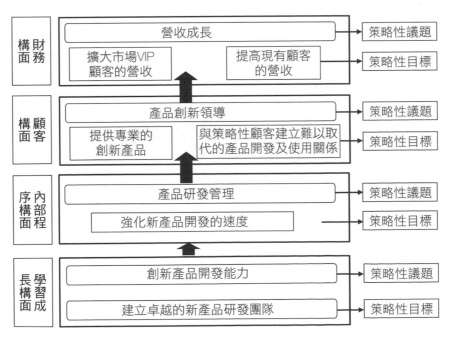

圖5-7　SBU1的策略地圖：以「產品創新領導」策略性議題為例

過程及步驟與HQ的方式相同。

（二）HQ或SBU與SSU結合的BSC

HQ或SBU被定位為利潤中心，在計算損益時需分擔SSU的管理成本，當HQ或SBU收入下降時，獲利往往隨之減少。由於SSU提供的服務作業，較難彰顯部門本身的價值，久而久之，HQ或SBU難免認為SSU只會花錢，而無法為HQ或SBU創造價值且帶來效益。因此，為SSU設計更客觀合理的績效衡量機制，以體現服務單位的價值，是高階管理者責無旁貸的課題。

SSU設立的目的，在於創造組織規模經濟及專業與差異化的服務優勢。設計SSU的BSC時，必須整合組織整體的策略，促使SSU能針對HQ或SBU的內部顧客需求做出最大的貢獻。一般而言，常見的SSU如：人力資源部門、資訊部門、財務部門或客服部門等，有關達成SSU的策略校準程序，如圖5-8所示。

由圖5-8可知，HQ或SBU內部顧客與SSU之間，透過策略校準程序，即為SSU建立BSC的內容，可以達到下列幾項效益：

1. 促進SSU有內部顧客導向的思維和文化。
2. 對SSU的績效貢獻有客觀的評估標準。
3. 建立SSU的策略性議題及策略性目標，建構內部顧客的「價值主張」內容，使SSU發揮最大的價值及貢獻。
4. 辨認內部顧客需求和SSU服務供給不一致的現象，加以調整及修正，引導SSU各項作業能幫助HQ或SBU落實策略執行力。

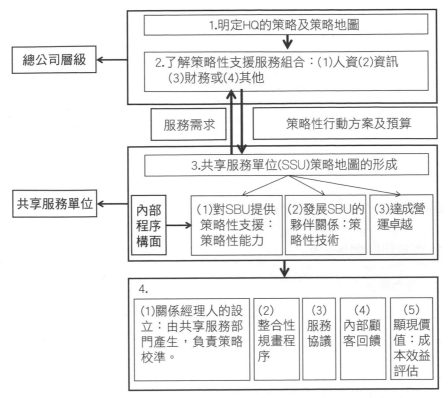

圖5-8　SSU策略校準程序圖

出處：修改自吳安妮導讀推薦文。Kaplan, R., and D. Norton 著，高子梅、何霖譯，2006 年，《策略校準》，臉譜出版社，第 24 頁。

筆者參考柯普朗和諾頓《策略校準》五大步驟（2006 年，P.24）的做法，以及個人多年的知行合一經驗，發展出 SSU 的 BSC 實施六大步驟，如圖5-9所示。

六大步驟的重點說明如下所示：

圖5-9　SSU的BSC實施步驟圖

1. 需求供給對應分析

(1) 調查服務需求及服務供給

HQ或SBU可思考為達成各項策略性目標，需要SSU哪些協助，明確清楚的描述並擬訂支援項目，此即為HQ或SBU的服務需求項目，如表5-1所示。

HQ或SBU填寫上述「服務需求項目調查表」後，SSU可依據HQ或SBU的需求，了解自身可提供的服務項目，如表5-2。

接下來，大家可透過HQ舉辦的BSC會議，釐清HQ或SBU與SSU彼此間的需求與供給，讓相關主管能更加清楚的了解HQ或SBU對不同SSU的服務需求。接著，藉由需求供給調查，確實將HQ或SBU的需求與SSU的供給做有效的連結，如此一來，HQ或SBU與SSU的互助關係便能確立且明確化。

(2) 進行服務與供給對應分析

完成上述步驟後，接下來是建立服務需求及供給之間的對應分析，

表5-1 HQ或SBU的服務需求項目調查表

填寫單位:HQ或SBU

構面	策略性議題	策略性目標	服務需求項目說明				
			需求項目描述	預定達成效益	重要性程序	支援單位	服務項目的執行期間
財務							
顧客							
內部程序							
學習成長							

表 5- 2：SSU的服務供給項目調查表

填寫單位：SSU

編號	服務需求說明				服務供給說明	
	單位名稱	對應的策略性目標	需求項目描述	預定達成效益	可提供的服務項目	可提供服務項目的執行期間
1						
2						
3						

進而了解是否有需求而無供給，或有供給而無需求的現象，同時，針對需求供給不對等的狀況做進一步的討論與溝通，如表5-3為有需求而無供給的分析，而表5-4為有供給而無需求的分析。

表5-3　有需求而無供給分析表：以SBU1及HR的對應分析為例

需求項目	需求單位	無供給的理由
滿足員工身心靈需求	SBU1	HR部門人力及能力均不足，且不確定此需求的真正內涵，因而很難提供此項服務。

表5-4　有供給而無需求分析表：以HR與HQ或SBU的對應分析為例

供給項目	無需求的理由
提供最即時的人事及教育資訊	各單位需求的方向及程度與供給內容不符
合理公平的獎酬制度	各部門自有一套績效獎酬辦法，不一定需要HR部門來制訂。

　　由表5-3及表5-4可知，對SBU1有需求但SSU無法供給的部分，需討論其原因，再決定SSU是否要加入這些服務項目的供給。又對SSU有供給而HQ或SBU無需求的部分，則要討論這些服務是SSU本身的工作職責，或是無必要的工作，未來應該加以檢討改進。

2. 形成服務協議

　　完成服務需求與供給的對應分析後，即可形成HQ或SBU與SSU之間的服務協議，藉由正式協議，明訂雙方對服務項目的期待，並訂定服務項目提供時間及績效回饋項目，如表5-5範例所示。

　　表5-5明示HR部門對各需求單位可提供的服務內容，HR部門需將各服務需求單位視為內部顧客，不斷提升自身能力，以提供最佳的服務及價值給內部顧客。設計服務協議這個機制，是希望讓SSU與HQ或

表5-5　服務協議表：以HR與各SBU的服務協議為例

HR與各SBU的服務協議內容			
服務需求者	服務需求項目	服務提供時間	服務績效回饋項目
1.SBU1	產品應用組合的能力	每月一次	產品教育訓練次數
	行銷幹部的培育	每月八小時	行銷幹部專業技能的受訓績效
2.SBU2	品管專業人員的培育	每月八小時	品管人員專業技能的受訓效益

SBU能坐下來談清楚彼此的供給需求，以及未來共同合作、相互支援的方向及模式，包括：服務需求項目、服務提供時間及服務績效回饋項目等內容，而不只是紙上談兵而已。

3. 形成 SSU 的策略地圖及 BSC

　　事實上，根據HQ或SBU的策略整合SSU的過程，不管HQ或SBU的策略選擇為何，對SSU而言，策略重點除了提升工作效率以外，更重要的是，如何與HQ或SBU這些「內部顧客」建立深厚的合作夥伴關係，協助內部顧客達成策略性議題及目標。合作夥伴關係的建立，代表SSU的角色已逐漸從以往的被動轉變成主動思考：透過供給需求的對談與服務協議的擬訂，訓練SSU從功能專家轉變為服務顧問專家，學習如何行銷自己所提供的服務及價值，以強化雙方的合作關係及共識。當SSU與HQ或SBU達成服務協議後，接著就能根據所有的服務協議內容，進行SSU的策略地圖及BSC的建立。

　　綜上所述，SSU的策略地圖包括提升工作效率與協助內部顧客達成

策略兩部分，其中工作效率的提升來自公司整體或本身的營運效率，而協助內部顧客達成策略，則是利用服務協議以支援HQ或SBU的需求，間接達成內部顧客的策略性目標。因此，SSU的策略地圖會因為下述原因持續進行修正：

(1) 需求供給對應分析；

(2) 服務協議；

(3) 相關高層的建議與討論；及

(4) 組織架構變動等因素。

如圖5-10釋例顯示，HR部門不僅支援HQ或SBU的策略性議題及目標，同時也將提升自身的工作效能等目標納入，以發展出自身的策略地圖。

由圖5-10可知HR顧客面的策略性議題有三：（1）成為企業內部策略夥伴、（2）最佳員工服務，及（3）獎酬機制的專家等，其中（1）及（2）屬支援HQ或SBU的策略重點，而（3）則為HR重要工作「獎酬機制」專家角色的提升。

4. 建立 SSU 內部轉撥計價制度

為了合理的衡量SSU的績效表現，彰顯其價值，因而得建立SSU的內部轉撥計價制度。

內部轉撥價格的概念來自於企業內各部門彼此移轉產品或服務時，為交換的產品或服務訂定內部移轉價格，用以明確計算各部門的績效。因此，導入服務協議制度的過程中，「如何訂定合理的內部轉撥價格」

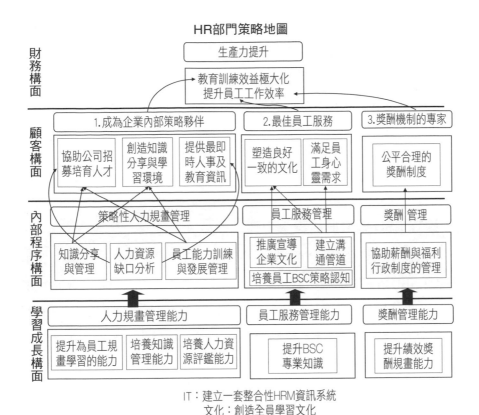

圖5-10　HR部門策略地圖釋例圖

一直都是各部門最關注的焦點。然而，由於SSU服務的內容具有專業性，且移轉價格常跟績效獎酬連結，導致SSU的主管會產生為了私利而不合理移轉價格的誘因。除此之外，更複雜的問題是，SBU可能會覺得自己無法確認與檢核SSU報價的真實性，SSU又講不清楚自己的服務價值，除非有「外部價格」可當參考。即使有外部價格，一般公司為了要保護SSU的生存，無法讓SBU自行選擇外部服務者，導致SBU與SSU檯面下的對立日益嚴重。

為了不讓內部轉撥計價引起大分裂，導入服務協議時，可以先運用成本法讓供需雙方熟悉服務所付出的成本，等HQ或SBU付費給SSU的觀念及文化建立後，再改變內部轉撥計價的方式。為了讓成本能算得合理正確，組織可以開始奠定AVM基礎工程系統。爾後當成本法運用成熟後，可逐步讓供需雙方利用「協商訂價法」，談出雙方皆可接受的轉撥價格，等到轉撥計價制度成熟之後，才導入SSU的績效評估及獎勵機制。

5. 建立 SSU 虛擬損益表

　　因有轉撥計價的設立，SSU的服務收入可分成兩部分：其一為與HQ或SBU所簽訂的服務協議收入，其二為SSU服務外部顧客所產生的收入。而SSU的費用，則包括服務內部顧客與外部顧客所產生的費用，以及SSU日常營運所需的費用等。當SSU有收入及費用金額後，即可算出SSU的損益，進而產出「虛擬損益表」，做為內部檢討及改善的參考。

6. 建立內部顧客回饋機制

　　內部顧客意見回饋內容，主要是根據服務協議中內部顧客對服務的績效回饋項目來進行，設計時需明訂內部顧客意見回饋於何時進行、由誰負責以及如何進行等協定。例如透過衡量指標系統的記錄、問卷調查、專人評鑑或服務協議會議溝通討論等方式。

　　從理論面來看，若HQ或SBU在一開始從策略性議題與目標發展出行動方案時，便能釐清其過程與細部內容，並明確界定SSU可協助的服務項目，應有助於雙方協調出大家都可認同的回饋衡量指標。雖然此

方法有助於找出適合的衡量指標，但仍有執行上的困難，由於服務協議往往都是為了新的策略方向而規畫，對雙方來說皆為全新的挑戰，因此剛開始時，常常會發生邊做邊討論的情況，能明確規畫出細部步驟的機率並不高。

因此，在雙方共同合作的過程中，HQ或SBU希望SSU除了提供服務協助外，亦能共同承擔策略性行動方案或服務項目的部分成敗責任；相對的，SSU基於自保，並不想與HQ或SBU承擔同樣程度的責任，傾向訂定自己可以控制的指標（如：準時完成工作項目）。其實，雙方的想法皆無絕對的對錯，但若要擺脫僵持不下的局面，還是要透過溝通與協調，找到雙方皆可認同的回饋衡量指標。總之，回饋衡量指標要能明確且客觀衡量出SSU的努力及貢獻度。

五、SSU 的 BSC 實務案例

本書的目的在於達到知行合一，接著以一個實際案例來說明SSU與SBU連結的BSC實施步驟。茲以匯豐汽車的「服務需求者-業務部SBU」及「服務提供者-客服組SSU」為例，具體說明如何建立業務部與客服組的連結，進而形成客服組的BSC內容。

（一）匯豐汽車客服組的BSC實施步驟

1. 需求供給對應分析

在此階段，業務部與客服組皆依據BSC專案小組的引導，進行需求供給盤點。業務部將其策略地圖所揭示的重要工作項目，列出需由客

服組支援的服務需求，客服組則根據業務部的需求進行「供給與需求對應分析」，以釐清業務部服務需求滿足程度，如表5-6所示。

表5-6　業務部的需求與客服組的供給對應分析表

項目	業務部策略性目標	業務部需求項目	客服組供給項目	行動方案	供給與需求對應分析
1	專人親切的銷售服務 完整正確的顧客資料庫	1.檢核顧客資料的正確性 2.了解顧客的滿意度及提供客戶諮詢 3.對顧客不滿意之處立案處理	根據委託人提供的顧客名單，委請行銷部載入e-mentor系統，以電話與顧客接觸： 1.檢核顧客資料的正確性，於e-mentor系統上進行修正或新增。 2.了解顧客的滿意度及提供客戶諮詢 3.對顧客不滿意之處立案處理	SSI新車關懷電訪	有需求有供給
2.	落實責任業代功能	1.保有客戶資料盤整 2.檢核責任業代落實執行	待業務部確認需求內容及委託方式	NA	有需求無供給
3.	NA	NA	提供客戶抱怨處理訓練	洽談中	無需求有供給
4.	：	：	：	：	：

出處：匯豐汽車提供。

2. 形成服務協議

由上述分析來看，客服組SSU所提供的服務內容，與業務部SBU所期待的服務內容有些許落差。接下來，SBU與SSU需以正式的服務協議同意書，明訂雙方對服務水準與收費的預期，透過服務協議的訂定，促使雙方對同一策略性目標產生共識，以提升客服組對於協助業務

部達成策略方向及績效目標的貢獻。服務協議的精神在於提供服務的客服組需視業務部為內部策略顧客，其具體內容必須將客服組與業務部之間的合作與計價資訊，以書面的形式呈現，服務協議如同外部顧客所下的訂單一樣，其目的在於：

(1) 需求與供給雙方，明確且清楚的描述出服務內容，避免雙方產生誤解，且能滿足內部顧客的需求。

(2) 利用價格機制，促使雙方尋找更有效的解決方法，達到資源運用效益最大化。

表5-7為客服組支援業務部，執行「專人親切的銷售服務」策略性目標所簽訂的服務協議內容。

3. 形成客服組的策略地圖

業務部的策略性議題直接承接總公司的策略性議題內容，而客服組的策略地圖不僅要兼顧總公司的策略重點，同時也要納入SBU的業務重點。因此客服組的策略性議題主要可以分為兩個主軸：一為協助SBU共同達成策略性目標；另一個則是要提升自己的營運效能，以達成總公司的整體策略性目標（有關成本降低的議題）。另外，客服組也被要求具備對外創造營收的能力（營收成長的議題）。綜上所述，SSU的顧客可以分為內部顧客與外部顧客兩大類，表5-8為客服組對此兩類顧客的工作重點分析。

客服組可以透過上述所談的兩個策略性議題主軸，發展出部門的策略地圖，如圖5-11。在客服組的策略地圖上可以看到，與協助SBU目

表5-7　客服組（SSU）與業務部（SBU）的服務協議表

<table>
<tbody>
<tr><td colspan="8" align="center">服務協議—— SSI新車關懷電訪</td></tr>
<tr><td colspan="8">一、服務內容與目的</td></tr>
<tr><td colspan="8">客服中心根據委託人提供的顧客名單，委請行銷部載入 e-mentor 系統，以
電話與顧客接觸。此服務目的有三：
1. 檢核顧客資料的正確性，於 e-mentor 系統上修正或新增資訊。
2. 了解顧客的滿意度及提供客戶諮詢
3. 對顧客不滿意之處立案處理</td></tr>
<tr><td colspan="8">二、服務起迄時間：xxxx年 xx月 xx日～ xxxx年 xx月 xx日</td></tr>
<tr><td colspan="8">三、服務產出：1.問卷設計、測試、定稿 2.提供聯繫方式錯誤、新增清單、
　　　　　撥打通數清單 3.提供顧客反應彙總表 4.每月結案報告及費用表</td></tr>
<tr><td colspan="8">四、服務項目細部內容</td></tr>
</tbody>
</table>

	服務	注意事項	執行人		收費金額 或比例	產出	流程 指標
			服務人	委託人			
1	設計問卷		✓		×	問卷	委託人核可 問卷、簽認
2	電訪名單	根據委託人開列的 客戶條件，請資訊 部提供顧客名單。		✓	×	1.顧客名單 2.異常名單	顧客名單完 整度
3	撥打電話—— 驗證資料的正 確性		✓		×	1.撥打通數 　清單 2.資料錯誤 　清單	協議期限 達成
4	撥打電話—— 完成問卷		✓		計價	每月電訪 報告	申訴不良率 （客服與廠務 部共同認定）
5	撥打電話—— 客戶反應處理		✓	✓	計價	客戶反應 彙總表	
6	月報、季報	1.彙總各月資料的 　正確性 2.顧客滿意度分 　數分析 3.客戶反應彙總表	✓	✓	計價	月報、季報	

五、服務績效評估

綜合衡量指標	綜合衡量指標計算方法	綜合衡量指標目標值	綜合衡量指標目標值設立基礎
1. 國產前五大車廠市調綜合指標分數平均值以上 2. 將知識以系統化的方式留下資料數(例如：話術的建立) 3. 流程改善數	1. 市調分數 2. 知識管理建立數量 3. 已改善流程數（含品質對策改善）		

六、違約條款：

出處：匯豐汽車提供。

表5-8　客服組工作重點表

顧客		對總公司的意義	客服組的工作重點
內部顧客	總公司	提升自己的營運效能，達到總公司的整體策略性目標。	提升客戶服務的品質
	事業單位	協助事業單位共同達成公司的策略目標	
外部顧客		成為獨立具有創造獲利能力的客服中心	為了可以成為具有市場競爭力的客服中心，客服組必須強化內部客服人員的素質，且發展出核心能力。

出處：匯豐汽車提供。

標達成相關的議題，以及策略性目標的重要程度，皆有醒目的標示，藉以清楚定位客服組的角色，讓客服組的管理者、員工皆能清楚的了解部門的策略工作重點。

4. 建立客服組的轉撥計價制度

　　為了能更客觀的衡量SSU所提供的服務價值，進而衡量SSU的績效表現，於服務協議中採行何種轉撥計價方式，便成為各部門關注的焦

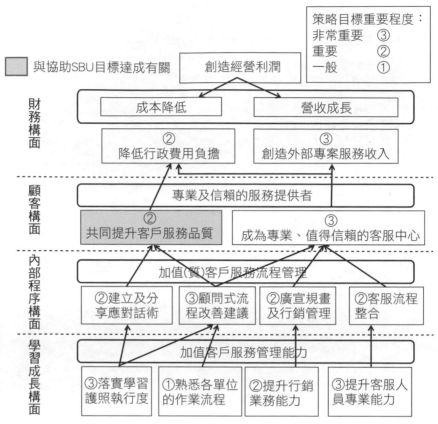

圖5-11　客服組策略地圖

出處：匯豐汽車提供。

點。基於統一與計算簡單考量，匯豐汽車所有部門服務協議的轉撥計價，都先採用成本法計算方式，且運用AVM的簡單觀念計算。例如：以客服組去年的實際費用為基準，依照該單位去年的實際工時，計算出工時費率，再以此費率乘以服務協議項目的實際工時，進行公司內部轉撥計價。

5. 建立客服組的虛擬損益表

匯豐汽車創意的設計出SSU虛擬損益表，表5-9為客服組虛擬損益表釋例。損益表中的收入包括：（1）服務外部顧客收入及（2）服務內部顧客協議收入。而SSU當年度承擔的費用，包括：（1）服務外部顧客費用、（2）服務內部顧客費用及（3）部門經常費用。將服務部門收入減掉服務部門費用即為服務部門損益，進而產出客服組的當年度虛擬損益表。

6. 內部顧客回饋機制

匯豐汽車在整合HQ、SBU及SSU的過程中，已經將內部顧客回饋機制納入服務協議的內容當中，年底由HQ或SBU針對所訂定的服務績效指標考核SSU所提供的服務水準，如表5-10。很多人可能會懷疑HQ或SBU對SSU的評分不公平、不客觀或不適宜，此點不用擔心，因為打分數的單位及人員只要超過三十人，就會愈打愈公平，而且愈客觀。

從表5-10可以清楚看出各單位對客服組整體服務績效的評分情況及改進建議，做為客服組未來改善的參考。

（二）匯豐汽車客服組實施 BSC 之後的影響

相對於SBU，SSU未直接面對外部顧客，通常較不具有顧客導向思維，亦較缺乏收入與成本利潤的認知。然而匯豐汽車不同，希望藉由將BSC連結至SSU以創造組織綜效的同時，期許客服組能成為獨立具有創造收入及利潤的客服中心，擺脫過去SSU給人的既定被動印象。值此競爭激烈時刻，匯豐汽車對SSU活化及轉型的做法，非常值得臺灣

表5-9　客服組的虛擬損益表

項目	代號	本期服務部門損益項目
服務部門收入：		
1.服務外部顧客的收入	A	$
2.服務內部顧客的協議收入	B	$
收入合計	（A＋B）	$
服務部門費用：		
1.服務外部顧客的費用	C	$
2.服務內部顧客的費用	D	$
3.部門的經常費用	E	$
費用合計	（C＋D＋E）	$
服務部門損益	（A＋B）－（C＋D＋E）	$

出處：修改自匯豐汽車提供的資訊。

表5-10　各單位對客服組年底整體服務績效回饋表

構面	策略性議題	策略性目標	衡量指標	年底評分	改進建議
顧客	專業及信賴的服務提供者	共同提升客戶服務品質	新車銷售SSI客戶滿意度	××	
			保修服務CSI客戶滿意度	××	
		成為專業、值得信賴的客服中心	電訪不良率	××	
內部程序	加值（質）客戶服務流程管理	建立及分享應對話術	平均點閱數	××	
		顧問式流程改善建議	建議BU的流程改善數	××	
		廣宣規畫及行銷管理	對外提案數	××	
學習成長	建立客服專業能力	熟悉各單位的作業程序	知識管理建立數	××	

出處：修改自匯豐汽車提供的資訊。

各企業參考。茲將匯豐汽車客服組實施BSC後的影響說明如下：

1. 對客服組的影響

匯豐汽車的客服組在BSC實行過程中，促使自身具有創造服務價值的能力，並透過開源與節流兩方面提升部門獲利能力，長期而言，對於服務單位能力的累積與發展有很大的正面效益。

透過訪談，我們了解到：匯豐汽車客服組推動BSC後，自身能力愈來愈強，且愈來愈知道自己的價值，因而開始積極提供服務給外部顧客，如對外承接政府或民營機構的專案，逐漸培養部門本身的核心能力，進行獨立營運的工作，賺取收入及利潤。本質上客服組已逐漸達成推動BSC的期待——在彰顯SSU價值的過程中，帶動SSU活化，甚至升級、轉型，目前客服組已變成有價值的「利潤中心」策略核心角色。

2. 對受服務單位 —— HQ 或 SBU 的影響

服務協議的概念有助於增加SSU對成本與價值創造的認知，匯豐汽車的HQ或SBU主管發現客服組的思維已改變，能把HQ或SBU當做內部顧客服務，而且會開始主動找尋可提供加值的服務，與HQ或SBU共同發展新的服務內容與服務項目，例如：客服組除了原有的「服務滿意調查」服務外，更進一步提供改善建議，以增加其服務價值，促進整體組織達成策略執行的好績效。

參考文獻：

1. Kaplan, R., and D. Norton 著，高子梅、何霖譯，2006年，《策略校準》，臉譜出版社。

第三篇
平衡計分卡與其他
管理制度的結合

　　無論是否導入BSC，企業內部都會實施一些管理制度，好比常見的績效管理、專案管理、預算管理及顧客關係管理等。然而，這些管理制度往往由不同的單位各自負責或維護，缺乏全面性的整合，有時甚至會發生優先順序的衝突，使管理的效益大打折扣。BSC的架構正好可以幫助企業解決上述現象，整合管理上所投注的心力，建構一套完備且適合企業的整合性管理架構。

　　BSC的四大構面包含了主要的管理功能，包括財務及會計、行銷管理、價值鏈管理、作業管理及人力資源與資訊管理等，同時也涵蓋了公司需要管理的主要標的，包括股東、顧客、產品及服務、員工及資訊科技等。由此可見，BSC的架構完整的整合了落實企業策略的「管理功能」與「管理標的」，如表6-1所示。

　　本篇旨在闡述BSC所具備的「整合性功能」特色，根據筆者長期知行合一進行下發現：BSC具有兩項主要的整合性功能，一為強化內部原本獨立運作的各項管理制度，另一為引導各項管理制度的實施。第六章從知行合一層面，說明如何透過BSC來強化或引導公司內部原本獨立運作的各項管理制度。

表6-1 BSC整合管理功能及標的表

BSC四大構面	管理功能	管理標的
財務	財務及會計	股東
顧客	行銷管理	顧客
內部程序	價值鏈管理、作業管理及創新管理等	產品及服務
學習成長	人力資源、資訊管理及組織管理	員工及資訊科技

出處：修改自吳安妮，2007，〈平衡計分卡為整合性的管理制度〉，《經理人月刊》，第30期，第 159 頁。

本章主要先從知的層面，說明BSC四大構面與其他管理制度的關係，以及BSC在組織中所扮演的主要整合方向，之後以知行合一層面說明BSC如何強化各項管理制度的功能，以及引導各項管理制度。

一、BSC四大構面與其他管理制度的關係

透過BSC四大構面架構，可細緻的解析各項管理制度整合的實質內容。如前所述，四大構面與管理功能息息相關，進而與內部各項管理制度環環相扣，如財務構面與財務的經濟附加價值（Economic Value Added, EVA）有關；顧客構面與行銷的顧客關係管理（Customer Relationship Management, CRM）有關；內部程序構面與全面品質管理(TQM)、流程再造及風險管理等有關；學習成長構面與人力資源管理（Human Resources Management, HRM）及資訊系統（IT）有關，如圖6-1所示。

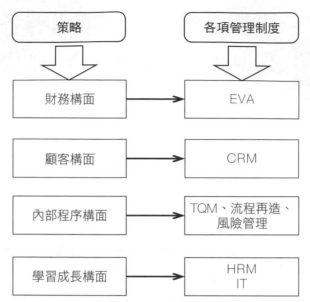

圖6-1　平衡計分卡四大構面與各項管理制度關係圖

出處：修改自吳安妮，2007，〈平衡計分卡為整合性的管理制度〉，《經理人月刊》，第30期，第162頁。

二、BSC 的主要整合方向

BSC以企業的策略為核心，引申出三大主要整合方面，包括：

(一) 組織面的整合

企業內部與外部在相同的策略性議題與目標上能否聚焦，是企業績效達成與否的重要關鍵因素。內部組織包括 HQ、SBU 及 SSU 之間的整合（如第五章所述）。又鑑於產業價值鏈分工精細，企業與外部合作夥伴的策略關係日益密切，因此與外部策略組織（顧客、供應商及合作夥

伴）的整合，對組織策略的執行力有很大的影響。

（二）人力資本面的整合

企業內成員分為高階、中階、初階主管及員工，想要提升策略的執行力，必定要回歸至員工日常執行的工作。策略必須由上往下連結，企業內部的BSC策略性議題、策略性目標和衡量指標等，要能夠支援其更高一層級的策略性議題、目標與指標，才能夠讓全體成員的策略行動一致化。

（三）管理制度面的整合

BSC的七大要素可以引導各項管理制度的實施，並與公司策略緊密整合，如圖6-2所示。從圖6-2可知，策略性目標會引導目標管理，策略性衡量指標會引導績效衡量管理，而其他不同要素也會引導不同管理制度的實施，進而達到管理制度面的整合。

有關BSC在組織中主要整合方向的整體內容，如圖6-3所示。

三、BSC 強化重要管理制度的功能

在此以知行合一的層面，來探討BSC強化幾項重要管理制度的功能，如下所述：

（一）BSC強化顧客關係管理（CRM）的功能

透過BSC來強化CRM在組織中的功能，不僅能讓企業成為一個「以策略為核心」的組織，更能讓企業進一步晉升為「以顧客為焦點」

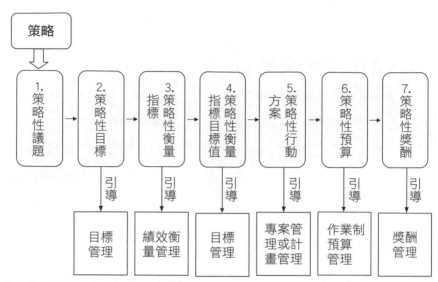

圖6-2　BSC的七大要素引導各項管理制度圖

出處：修改自吳安妮，2003，〈平衡計分卡之精髓、範疇及整合（下）〉，《會計研究月刊》，第 212 期，第 86 頁。

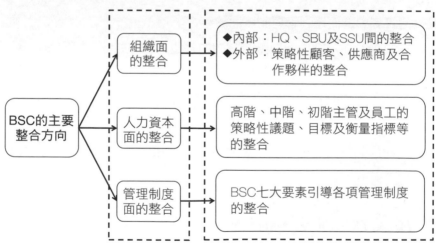

圖6-3　平衡計分卡的整合方向圖

出處：修改自吳安妮，2007，〈平衡計分卡為整合性的管理制度〉，《經理人月刊》，第 30 期，第 160 頁。

的高效能組織。企業可以運用BSC的四大構面架構，來強化CRM的功能及角色，如表6-2所示。

表6-2　BSC四構面強化CRM功能表

構面	策略性目標	策略性衡量指標
財務	開創新收入來源	新顧客、新商品或新服務收入
	增加顧客的營收	顧客口袋占有率
	增加顧客獲利	顧客別獲利
顧客	增加顧客忠誠度	顧客保留率、顧客再購率
	創造死忠顧客	顧客關係深度、顧客重覆購買率
內部程序	選定高價值的目標客戶	策略性顧客數
	提供加值顧客服務	加值型顧客數
學習成長	發展策略性CRM資訊系統	CRM資訊系統建置完整度

出處：修改自 Robert S. Kaplan and David P. Norton, "Customer Management", *HBS Balanced Scorecard Report*, Volume 5, Number 3, May-June 2003, p.3.

由表6-2可以清楚看出，如果我們能善用BSC四大構面的架構與精神，就可以了解CRM與企業策略的關聯性，以及企業推動CRM應該聚焦的方向和內容。如果顧客構面的策略性目標為「增加顧客忠誠度」，則其衡量指標為「顧客保留率」及「顧客再購率」。若內部程序構面的策略性目標為「提供加值顧客服務」，其衡量指標為「加值型顧客數」；若學習成長構面的策略性目標為「發展策略性CRM資訊系統」，其衡量指標則為「CRM資訊系統建置完整度」。

(二)BSC強化資訊科技（IT）的功能

1988年，彼得·杜拉克曾在《哈佛商業評論》中說到：未來的組織型態將由指揮控制型的組織朝向資訊導向型的組織。杜拉克於文中指出，當企業了解到IT的使用應該注重到資訊本身而非資料處理時，企業的決策過程、管理結構乃至於做事情的方式亦將隨之轉型。確實，1970年代的資訊部門強調改進企業的作業效率，1980年代則著重於管理效能的改善。時至今日，資訊部門已躍升為以IT協助組織獲取競爭優勢的利器。資訊部門在企業中的角色，由過去的集中處理、後勤單位、支援基層作業的資訊系統開發者與維護者，轉變成具支援高階主管與企業策略目標達成的策略性角色。

不論企業的經營領域是否屬於IT範疇，企業所擁有或是所能運用的IT水準，對策略達成和經營績效都具有重大的影響力。如前述的CRM，若無法透過資訊系統蒐集與分析龐大的顧客基本資料和交易資料，企業便難以決定後續的顧客管理方向與擬訂相關決策。環視全球，各產業運用IT的輔助，建立屬於企業本身的資源規畫系統、資料庫和內部資訊系統，增強經營規畫及知識分享等方面的效能，已是常態。

BSC可強化IT的功能，其主要效益包括：

1. 資訊部門能更明白其目標與企業整體策略的配合程度；
2. BSC能夠提升資訊人員對內部和外部顧客的服務意識，並在各個構面中設計出明確的目標和量化的衡量指標。

周齊武教授、李惠娟及筆者曾於2001年問卷調查臺灣電子業IT部

門的策略發展方向，透過BSC的四大構面，可以清晰的明白IT部門的策略性目標及相關衡量指標的內容，茲彙總如表6-3。

表6-3　電子業IT部門的策略性目標及衡量指標彙總表

構面	策略性目標	策略性衡量指標
財務	成功控制預算	誤差率
	增加可產生收益的作業活動	資訊的對外收益每年成長率
	提高資訊的投資報酬率	投資報酬率（return on investment, ROI）
顧客	提高其他部門或員工對資訊部門／人員的滿意度	員工對資訊部門的滿意度
	提高資訊系統對員工生產力的正向影響	員工因系統問題造成工作中斷的時數
	提高客戶積極參與專案計畫的程度	1. 客戶參與專案計畫會議的出席率 2. 客戶參與專案計畫會議的發言率
內部程序	提升服務品質	需求順利上線比率
	提升服務效率（cycle time reduction）	1. e-mail在一定時間內回覆的比率 2. 需求在一定時間內完成的比率 3. 解決問題的平均時間
	減少員工抱怨率	每週統計員工抱怨數
	建立協助平台，快速回應員工抱怨。	回應時間（分鐘數）
學習成長	建立持續進修的風氣	每年參加進修的人數比率
	增加創新專案	每年提出創新專案的比率
	建立知識資料庫，達成知識分享的目標。	在網路上張貼常問問題和訣竅（FAQ/tips）的筆數
	整合資訊系統與營運流程	1. 改善提案數 2. 完成專案數

出處：周齊武、吳安妮、李惠娟，2001，〈平衡計分卡於服務部門之應用：以資訊部門為例（二）〉，《會計研究月刊》，第193期，第115頁、第117頁、第119頁、第121頁。

從表6-3中可知，IT部門在不同策略性目標下，其衡量指標也大不相同，例如：顧客構面的策略性目標若為「提高其他部門或員工對資訊部門／人員的滿意度」時，其策略性衡量指標則為「員工對資訊部門的滿意度」。就內部程序構面而言，IT部門通常會追蹤與「時間」有關的策略性目標，其相關衡量指標包括：回應時間、問題限時解決、資料處理時間等。同時，IT部門相當重視「品質」的追求，如減少系統錯誤、發展卓越的軟體開發程序等，其相關衡量指標包括：程式錯誤、順利上線比率等。這些內部程序構面的策略性目標與指標，必須與顧客構面甚至財務構面相互結合，才能發揮IT部門的策略性價值。

綜合而論，由於IT部門可為企業創造出極大的無形資產價值，協助達成組織的策略性目標，因此企業必須致力於使IT成為內部的重要管理利器。管理者必須有效的擘畫IT策略，建立IT長期目標，分配長短期的資源，對IT策略的實施狀況提供評估與檢討，將能提升IT部門整體的策略角色。

(三)BSC強化人力資源管理（HRM）的功能

過去許多企業的HR部門只是單純的後勤幕僚單位，主要掌管人員招聘、選拔、分派、薪資發放、檔案處理等人事管理。由於其工作範疇屬執行層面，缺乏策略決策權力，故HR部門往往被歸類為無需特殊專長的部門，其重要性遭到輕忽。近年來，人才被視為最重要的無形資產，組織在管理員工上，由被動的控制和約束，轉而主動提供員工職務上的協助與諮詢，並協助個人在組織中獲得成長與生涯發展的機會。因此，HR部門逐漸建立了專業地位與明確的角色，由原本只具作業層級功能的單位，提升為協助組織創造經營效益、實現策略目標的策略性地

位，並成為各SBU的策略合作夥伴。因此，企業可善用BSC的四大構面來強化HRM的功能及角色。

茲以公隆集團為例，說明該公司的HR部門運用BSC的策略性目標及衡量指標，來強化HR部門的功能及角色，如表6-4所示。

表6-4　HR部門的策略性目標及衡量指標表：以公隆集團為例

構面	策略性目標	策略性衡量指標
財務	生產力提升	1. 教育訓練效益極大化 2. 提升員工工作效率
顧客	成為SBU的策略夥伴	1. 協助公司招募培育人才 2. 創造知識分享與學習環境 3. 提供最即時的人事及教育資訊
	營運卓越	1. 公平合理的獎酬制度
	最佳員工服務	1. 塑造良好一致的文化 2. 滿足員工身心需求
內部程序	策略性人力規畫管理	1. 知識分享與管理 2. 員工能力訓練與發展管理 3. 人力資源缺口分析
	營運管理	1. 協助薪酬與福利行政制度的管理
	員工服務管理	1. 推廣宣導企業文化 2. 培養員工BSC策略認知 3. 建立溝通管道
學習成長	人力規畫管理能力	1. 提升為員工規畫學習的能力 2. 培養知識管理能力 3. 培養人力資源評鑑能力
	績效管理能力	1. 提升績效獎酬規畫能力
	員工服務管理能力	1. 提升BSC專業知識
	文化力	1. 創造學習文化
	資訊科技力	1. 建立一套整合性HRM資訊系統

出處：公隆集團提供。

從表6-4可以清楚了解公隆集團HR部門的功能，包括必須強化的五項能力（學習成長構面），例如：人力規畫管理能力；三項營運方向與重點管理（內部程序構面），例如：策略性人力規畫管理；三項對內部顧客的價值創造（顧客構面），例如：成為SBU的策略夥伴；及生產力提升的財務效益（財務構面）等具體內容。

企業的HR政策可以建立且維護組織文化，進一步影響策略的執行。因此，組織的效能端視其HRM與策略是否緊密配合，若結合得當，可為組織節省時間與金錢。因而，企業制訂經營策略時，HR部門主管亦應積極參與，同時了解經營策略對HR發展的策略性意涵。擬訂HR策略時，則應對企業的內在與外在環境有清楚的認識，才能促使企業與個人在各種內外部環境交互作用中做出全面性的考量，確保HR與經營策略密切配合，達到經營績效的提升。

四、BSC引導各項管理制度

有關BSC引導幾項重要管理制度的內容，如下所述：

(一)BSC引導作業價值管理（AVM）

有關BSC引導AVM的相關內容，如圖6-4所示。

由圖6-4可知，BSC引導AVM的實施，然後由AVM產生的資訊，提供給BSC四大構面從事策略績效管理之用。例如：在顧客構面中，我們需要顧客的成本及利潤資訊時，即需實施AVM制度，提供顧客的成本及利潤資訊，以檢核策略性衡量指標的績效表現。

從上述可以發現，BSC引導AVM後的效益包括：

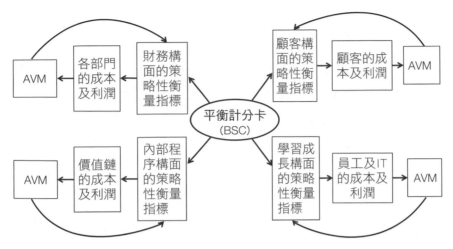

圖6-4　BSC引導AVM圖

出處：修改自吳安妮，2003，〈平衡計分卡之精髓、範疇及整合（下）〉，《會計研究月刊》，
第 212 期，第 88 頁。

1. 可在刪減非必要性成本支出的同時，仍然傳達相同的價值給顧客。

2. 藉由各顧客區隔的服務成本，使目標顧客的選擇更為合理正確，因而協助策略的形成。

3. 同時進行「收入或價值管理」和「成本管理」，可掌握利潤創造的兩大重點，一方面朝正確方向積極開源，另一方面則能有效的進行節流，對公司利潤及價值極大化甚有助益。

4. 將策略、目標、基礎工程及資訊提供結合成一體，俾達整合性管理的功能。

(二)BSC引導品質管理（TQM）

由於BSC的內涵囊括整體組織的價值鏈運作，尤其BSC的內部程
序構面，強調整體流程的運作及品質提升，因而透過BSC對TQM的引
導，可以發揮更大的效果，包括：

1. BSC定義出表現良好的新流程，並在這些流程進行品質管理的
   行動方案，以確保執行範圍皆為組織的策略性行動。
2. BSC可以重新配置資源到關鍵的流程與行動方案上，避免資源
   分散，以達到顧客構面的績效。
3. BSC的因果關係可以清楚的描述：如何將品質改善轉換成更高
   收入以及更低成本，以達到財務面的成本改善。

茲以表6-5比較TQM未與BSC結合的缺失，以及BSC引導TQM後
的效益，供TQM改善參考。

我們由表6-5中可以發現，TQM若未能與BSC結合，品質專案僅
成為地區性、戰術性的，以致影響整體組織品質效益的達成。然而，當
BSC有效的引導TQM時，會帶領整體組織品質的策略性改善。

(三)BSC引導經濟附加價值（EVA）

EVA管理工具著重於財務方面的結果，強調低風險與短期的財務
表現，而BSC著重管理資產與資源，不僅是財務的衡量，且能同時兼
顧短期生產力提升與長期穩定營收成長。我們可以透過BSC來了解營
收成長或生產力提升的動因，最終增進EVA的提升。表6-6可以看出

表6-5 BSC與TQM結合與否的缺失／效益比較分析表

比較項目	TQM未與BSC結合的缺失	BSC引導TQM後的效益
策略執行	在執行策略方面，品質專案是地區性、戰術性的，未連結到整體組織之中。	BSC的策略性議題，會帶領整體組織品質的策略性改善。
目標	追求產業標竿，循此標竿持續改進。	驅動整個績效具突破性的發展，成為產業的新標竿。
流程改進	僅在現有的流程上做持續性的改善	BSC使高層次的策略容易在全新的流程中展開，品管計畫亦藉此方式落實在新的流程之中。
流程選擇	追求與產業標竿流程的比較，忽略考慮策略性意涵。	BSC讓經營者排除了非策略意涵的流程品質，而去追求具策略意涵的流程品質效益的極大化。
成果衡量	只衡量每一個設立的指標有無達成而已	衡量策略是否有效的執行及有突破性的策略結果

出處：吳安妮，2003，〈平衡計分卡之精髓、範疇及整合（下）〉，《會計研究月刊》，第212期，第90頁。

BSC與EVA的比較。

　　透過BSC引導EVA後，可以產生的效益包括以下兩點：

1. BSC強調如何管理資產與資源，包括非財務及財務結果的衡量，可補強EVA僅著重財務落後面的衡量。
2. BSC透過了解收益成長或生產力提升的動因，輔助股東價值管理，引導及彌補EVA無法了解財務績效背後的動因，因為BSC具有邏輯清楚的非財務及財務績效的因果關係。

表6-6 平衡計分卡與EVA的比較

比較項目	BSC	EVA
精神與本質	重視價值動因，致力於顧客價值的增加。從「價值管理」的角度，思考公司的收入及利潤管理方向。	將資金成本從淨利中扣掉，以彌補傳統財務績效衡量的兩個缺失： 1.過度投資（當淨利或盈餘是唯一的績效衡量時） 2.投資不足（當投資報酬率或股東報酬率是唯一指標時）
產生的主要資訊	四大構面的策略性目標及衡量指標等，其中包括：財務與非財務資訊，而非財務指標為財務指標的動因或因子。	計算組織的經濟利潤（營業損益利益減資金成本）
基本骨幹	非財務及財務績效的因果關係	只有財務績效的結果指標

(四)BSC引導流程再造（BPR）

企業管理的過程中會有許多BPR專案，期盼藉由這些大大小小的專案，協助企業提升流程效率或消除浪費。然而資源有限，必須將力量著重在對策略成功有關鍵影響的BPR上，否則容易流於狹隘的成本節省。

因而BSC對BPR具有重要的影響力，從BSC內部程序構面的策略性目標出發，為了強化價值鏈的流程改善，進而引導出BPR的實施，如圖6-5所示。

BSC引導BPR後有兩個效益：

1. 避免焦點錯誤：藉由策略來引導，可以避免「焦點」出錯，快速找出策略關鍵流程，正確投入時間與金錢改造流程，讓策略有效的執行。

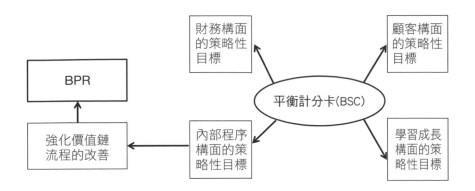

圖6-5　平衡計分卡引導流程再造圖

出處：修改自吳安妮，2003，〈平衡計分卡之精髓、範疇及整合（下）〉，《會計研究月刊》，
第 212 期，第 91 頁。

2. 避免盲目抑減成本：BSC 先界定企業 BPR 在顧客價值主張上的
非財務性成果，再據以強化價值鏈流程的改造。

（五）BSC引導智慧資本（IC）

BSC 可以引導 IC 的相關內容，如圖6-6所示。

我們由圖6-6可知，BSC 顧客構面的策略性目標會引導策略性顧客
資本，內部程序構面的策略性目標會引導策略性流程及創新資本，而學
習成長構面的策略性目標，會引導策略性人力、IT 及組織資本的形成
與內涵、創造與發展、衡量與評價、管理及報導等內容，以創造公司未
來價值的極大化。

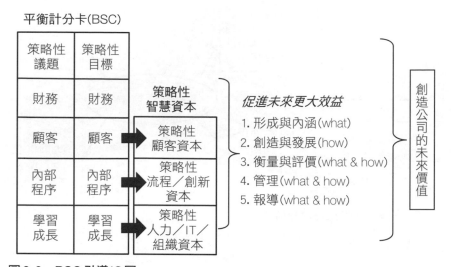

平衡計分卡(BSC)

策略性議題	策略性目標		
財務	財務	策略性智慧資本	
顧客	顧客	→	策略性顧客資本
內部程序	內部程序	→	策略性流程／創新資本
學習成長	學習成長	→	策略性人力／IT／組織資本

促進未來更大效益
1. 形成與內涵(what)
2. 創造與發展(how)
3. 衡量與評價(what & how)
4. 管理(what & how)
5. 報導(what & how)

創造公司的未來價值

圖6-6　BSC引導IC圖

出處：修改自吳安妮，2003，〈平衡計分卡之精髓、範疇及整合（下）〉，《會計研究月刊》，第 212 期，第 92 頁。

五、BSC 與風險管理的結合

　　隨著「世界是平的」概念興起，國與國之間的距離變小，抹平的世界開啟了更多新的商機，企業的觸角從國內延伸至國際，面對的市場變大了，與全世界競爭的同時，經營所面臨的風險也日益攀升。2008年以來，全球遭逢金融危機及歐債風暴，促使世界各國政府與企業更加重視風險管理。然而，許多企業對於風險評估，只是依賴經理人的直覺與主觀判斷，或是缺乏系統化的分析方式，難以幫助決策者估計風險的全貌。既然BSC的主要功能是幫助企業將策略轉化為具體行動，自然也需與風險管理結為一體。

　　BSC與風險管理的結合，可以從下列三個方向來進行：

（一）運用BSC四大構面來強化風險管理的功能

周齊武等人（2012）發展出表6-7的內容，此內容乃利用BSC四構面的相關風險，包括財務、顧客、流程、人才與IT風險等，與COSO所提倡的企業風險整合架構（ERM）內的四大類風險目標（策略性、營運、報導及遵循），交叉形成一個十六塊單元的矩陣，逐一審視每個單元，辨認其中的風險。

表6-7　運用BSC架構強化風險管理表

	1.策略性目標	2.營運目標	3.報導目標	4.遵循目標
財務構面：財務風險	策略性目標對公司財務的風險為何？	營運目標對公司財務的風險為何？	報導目標對公司財務的風險為何？	遵循目標對公司財務的風險為何？
顧客構面：顧客風險	策略性目標對內部及外部顧客的風險為何？	營運目標對內部及外部顧客的風險為何？	報導目標對內部及外部顧客的風險為何？	遵循目標對內部及外部顧客的風險為何？
內部程序構面：流程風險	策略性目標對內部流程的風險為何？	營運目標對內部流程的風險為何？	報導目標對內部流程的風險為何？	遵循目標對內部流程的風險為何？
學習成長構面：人才與IT風險	策略性目標對人才與IT的風險為何？	營運目標對人才與IT的風險為何？	報導目標對人才與IT的風險為何？	遵循目標對人才與IT的風險為何？

出處：周齊武、黃政仁、吳安妮，2012，〈平衡計分卡與風險管理之整合〉，《會計研究月刊》，第316期，第108頁。

由表6-7中得知，運用BSC四大構面來強化財務、顧客、內部流程、人才與IT的風險評估，俾能強化風險管理的功能。

（二）透過BSC四大構面來引導風險管理

BSC與風險管理的另一關係，是可以透過BSC來引導風險管理，如圖6-7所示。我們由圖6-7可清楚的了解公司的策略是透過BSC加以落實，而BSC的策略性議題及目標，會引導出四大構面的風險管理內容（包括財務風險、顧客風險、流程風險、員工風險及IT風險），最終創造公司的極大價值。

（三）在BSC中增加風險管理第五個構面

當組織認為風險管理非常重要，需要獨立存在時，可在BSC的構面中，增加第五大構面：風險管理，如圖6-8所示。如此，執行策略時不但能將風險管理與BSC的其他構面相互連結，而且有利於公司對風

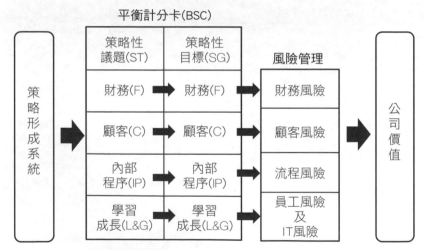

圖6-7　BSC引導風險管理圖

出處：周齊武、黃政仁、吳安妮，2012，〈平衡計分卡與風險管理之整合〉，《會計研究月刊》，第316期，第109頁。

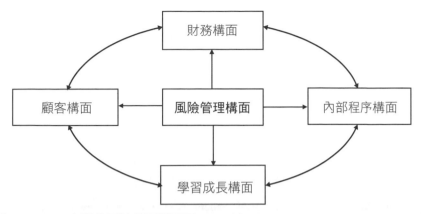

圖6-8　BSC中增加風險管理構面圖

出處：周齊武、黃政仁、吳安妮，2012，〈平衡計分卡與風險管理之整合〉，《會計研究月刊》，第316期，第109頁。

險做全面及整合性管理，以有效的面對未來可能引發的各種風險。

　　如前所述，將BSC與風險管理整合，可以同時強化整體員工對風險的關注與了解BSC的精髓。當BSC可以獲得更多風險管理目標與衡量指標的資訊時，企業可以更精確的掌握風險與風險管理的需求。不僅如此，還可排除或降低企業關鍵流程的曝險程度，成為改善企業內部流程的誘因，進而提升顧客的滿意度與財務績效。因此，BSC不但有利於強化企業的風險管理功能，且可引導風險管理的實施，也可使企業能夠全面的掌握及管理風險。

　　本章探討BSC與其他管理制度的整合，旨在讓更多企業了解組織可以透過一個完整的管理體系，搭建起內部現行各項管理制度間的橋梁。換言之，若能夠透徹理解BSC的精髓與可應用的範疇，就可以整合企業內部的各項管理制度，展現出最大的整合力，使BSC的功能與效益發揮到極致。

參考文獻：

1. 吳安妮，2003，〈平衡計分卡之精髓、範疇及整合（下）〉，《會計研究月刊》，第212期，第78-93頁。

2. 吳安妮，2007，〈平衡計分卡為整合性的管理制度〉，《經理人月刊》，第30期，第156-165頁。

3. 周齊武、吳安妮、李惠娟，2001，〈平衡計分卡於服務部門之應用：以資訊部門為例（二）〉，《會計研究月刊》，第193期，第115-122頁。

4. 周齊武、黃政仁、吳安妮，2012，〈平衡計分卡與風險管理之整合〉，《會計研究月刊》，第316期，第96-111頁。

5. COSO. 2004. Enterprise Risk Management — Integrated Framework. http://www.coso.org/ERM-IntegratedFramework.htm.

6. Peter F. Drucker, "The Coming of the New Organization", *Harvard Business Review*, January 1988, p.45-53.

7. Robert S. Kaplan and David P. Norton, "Customer Management", *HBS Balanced Scorecard Report*, Volume 5, Number 3, May-June 2003, p.1-5.

第四篇

臺灣實施平衡計分卡案例

　　經過長期研究，筆者發展出創新的ISVMS系統，希望能對臺灣本土產業與企業有所貢獻。長年與各產業及企業接觸過程中發現：即使大多數企業只實施ISVMS的前兩個子系統：策略形成及執行系統，亦需耗費相當的時間及人力。歷年來，在不同階段實務個案的設計及執行當中，又發現一個制度成功的關鍵，除了企業領導者全力支持之外，大家願意以理論的「知」為核心，投入時間一步一腳印的「行動」，奠定穩固的基礎。這是相當重要的一環，如此才不會有土法煉鋼的現象發生。

　　本篇首先以知行合一的層面，來探討BSC如何解決中小企業的困境，然後再以行的層面，分享臺灣四個不同產業的案例，協助讀者了解每一個案導入及推動BSC的實際做法及相關重點。在此由衷感謝公隆化學、匯豐汽車、德律科技及日正食品四家公司的全力支持，讓我們得以將理論運用在實務上，深入觀察學術理論與實務運用的接軌，達到知行合一的大效益。期盼透過本篇的個案分享，讓更多的臺灣及亞洲企業深刻理解BSC的應用重點及精髓。

第7章 平衡計分卡解決中小企業的困境──知行合一的層面

1992年，柯普朗及諾頓發展出BSC之後，全世界掀起管理制度的巨大變革。反觀臺灣，雖然二十多年來有不少大企業導入BSC，但是，占臺灣企業家數九成以上、超過一百四十萬家[1]的中小企業，實施此制度的並不多，成功的案例更是寥若晨星。因此，常常有人問：「是不是大企業才適合導入BSC？」其實不然，中小企業因規模小，資源也相對有限，加上大部分中小企業的老闆都是技術或業務出身，往往欠缺經營管理的理論架構與方法，很多時候都是邊做邊學，俗稱「土法煉鋼」，透過長時間的經驗累積，才慢慢的摸索、建構出一套引導企業發展的管理方法。

BSC是一個有效的管理工具，可以幫助中小型企業減少探索的時間及成本，快速引導內部管理制度的建置。中小企業可以藉由實施BSC，培養經營管理人員的策略思維，將資源聚焦，並且透過建立管理制度來打造健全的體質，創造更高的價值。而且，正因為規模小的特性，中小型企業導入BSC往往較大型企業更快展現效益。

本章擬以筆者過去知行合一的經驗，先探討中小企業經常面臨的七

大困境，之後剖析BSC如何解決這些困境。最後說明中小企業實施
BSC成功的必備條件，供中小企業參考。

一、中小型企業最常見的困境

有別於大型企業，中小企業的老闆通常單槍匹馬，孤軍奮戰。因為
財力有限，較難獲得外部支援，在資源有限的經營條件下，筆者發現中
小型企業經常會遇到以下幾種典型困境：

（一）欠缺策略思維

中小企業的業務或經營的市場通常是單一的，不是從事純製造、純
銷售，就是只做國內市場、甚至國內某特定區域，因而在企業整體價值
鏈中，只強調「製造技術」，抑或偏重「銷售技術」。因此，經營者通
常對於總體環境變化的觀察與事先的因應規畫相當匱乏，更不用說思考
未來三至五年、甚至十年後的長期發展策略及藍圖。

中小企業最常見的情況是「看短、不看長」，「看內、不看外」。中
小企業通常只針對當前的市場情況採取救急的做法，預算或行動方案也
僅訂定下一個年度的規畫，每個月的檢討會議只針對業績的變化狀況進
行討論。在例行工作或會議中，有關企業長期發展競爭力的策略藍圖，
與所需能力的建立，幾乎不見蹤影。此外，對外在環境的變化往往只注
意與自身產業直接相關的資訊，有關總體環境變化對產業、企業會產生
的連帶影響比較不敏銳。

景氣好時，經營者可能不易察覺企業策略的重要性，但是當景氣低
迷時，就會凸顯長期策略規畫的必要性。那些在大環境驟變下安然度過

危機或是不受衝擊的企業，往往也是長期策略明確而且策略執行力強的企業。

（二）缺乏差異化及創新力

中小企業因為資源非常有限，大都仰賴企業老闆親力親為，常常是「老闆說了算」、「老闆沒說要這樣做」或者「這是老闆的指示」等，形成以老闆為核心的企業文化。但是，老闆一人要綜合管理企業內外大小事，縱使投入所有的時間與精力，也不見得能夠面面俱到，更不用說在例行的事務之外，還要投入創新研發，進而創造出差異化的產品或服務。正因如此，中小企業較欠缺研發及設計能力，產品或服務也就較難令人耳目一新。筆者經常看到不同的中小企業生產及銷售價格幾乎相同、功能也相近的產品，激烈的競爭迫使他們在價格戰的「紅海」中浮沉，在惡性循環中求生存，實在辛苦。

（三）未整合各項管理制度

很多中小型企業只有在單一領域的管理制度比較健全，例如：製造型的企業可能有出色的製造管理，甚至導入「企業資源規畫系統」（Enterprise Resource Planning, ERP）做為輔助；買賣型的企業有不錯的「銷售時點情報系統」（Point of Sales, POS），進行管理與分析銷售情況。但是，一家企業不是只有一個功能的部門，需要整合很多跨功能的部門。綜觀來看，許多中小企業都未能有效整合各項管理制度，各部門或各個功能之間管理技術的連結疲弱，無法為企業創造更大的價值。

（四）欠缺團隊合作力

中小企業的員工雖然不多，但部門間各自為政的情況相當嚴重，例如製造部門專責製造產品，銷售部門僅負責銷售產品，每一部門要把本身的工作做好已屬不易，加上「老闆說了算」，因此各部門各自面對老闆，等著老闆的指示，自然不會理會其他部門需要的協助，或主動與其他部門溝通。反倒是老闆為了推動企業轉型或升級，常常要擔任跨部門的協調者，耗費相當的心力，非常辛苦。這樣的組織運作模式，不但無法為企業創造績效，甚至會削減企業的競爭力。

（五）不易突破經營績效

大部分的中小企業缺乏爭取外部資源的管道，受限於財力，也就較少引進先進技術或工具，持續依賴老式的傳統做法或以土法煉鋼方式來管理企業，因而經營績效不易有大突破，與大型企業的差距益發明顯。

（六）人才培訓不足

中小企業的資源有限，找到優秀人才相對不易。人才不足，再加上企業往往不願意投資人員培訓，不僅精簡人力，甚至無法給予員工充分的引導，造成既有員工負擔沉重，加速人才流失。在欠缺人才、員工又無法持續提升能力的惡性循環下，限制了企業的成長速度與幅度。

（七）各項資源不足

中小企業最大的困境是各項資源都不足，包括資金、技術及專業知識（know-how）等。因為缺乏資源，企業的擴展也因此受限，往往錯

失很多良好機會，形成與大型企業競爭的障礙，且愈離愈遠。

當然並非每家中小型企業都同時面臨上述七種經營困境，但是經常會碰到其中一種。仔細了解這七種困境的成因與影響，可以發現：如果經營者沒有前瞻的策略思維與完整的管理制度架構，很容易陷入資源有限、競爭力弱、績效不彰、資源更受限的惡性迴圈裡，不但無法突破瓶頸、跨越障礙，企業的成長更會停滯不前，甚至衰退。因此，中小企業經營者絕對不可輕忽上述七大困境，得想辦法徹底解決。

二、BSC 解決中小企業的困境

以下我們將一一說明與呈現如何透過BSC的導入與實施，來解決中小企業常見的上述七大困境。

（一）策略與BSC連結解決欠缺策略思維的困境

設計BSC之前，組織必須先釐清並明確訂定企業的使命、願景、價值觀及策略，也就是策略形成系統。因此，導入BSC之前，企業必須先重新檢視總體環境變化，而且謹慎的制訂對企業競爭力有重大影響的好策略。此外，透過實行BSC，可將企業的策略轉化為企業內部各單位甚至每個員工的日常營運活動，以確保策略執行到位，如此全公司上下才會漸進的擁有策略思維及策略執行力。

（二）顧客價值主張解決缺乏差異化及創新力的困境

在實務上，導入BSC的第一要素策略性議題時，要先在顧客構面明確且具體的定義顧客價值主張，於企業內部不斷討論，站在顧客的觀

點，思考企業的產品或服務是否符合他們的價值需求。當確認顧客價值主張後，才能依據顧客的價值訴求和觀點，進行差異化及創新化的研發。當企業具備顧客觀點，並將其價值需求轉化為經營策略時，企業內部的靈感會伴隨著需求，激盪出無盡的創意與出奇制勝的產品或服務。

(三)BSC的七大要素解決各項管理制度未整合的困境

在本書中，我們數度提及BSC的「四、七、四」，其中七大要素之間存在邏輯性的連結，各個要素皆可與企業採行的各項管理制度或方法結合。企業推行BSC，就可以把原來各自獨立運作的制度，全部納入七大要素的連結體系中，藉此整合企業內所有的管理制度，在同一個大架構下運作，發揮極大的管理效益。

此外，透過實施BSC，可以發現企業執行策略的缺口，需要發展什麼樣的能力或建構什麼樣的管理系統。我們從實務上發現：當BSC推展到一定程度時，企業就會發現管理上的不足及管理整合未到位，進而導入且整合相關的管理制度，以強化企業的管理體質。

(四)BSC整合各單位解決團隊合作力不強的困境

企業可以透過BSC的策略性議題及策略性目標，從HQ落實到SBU、SSU及部門，甚至個人，大家朝同樣的策略性議題及目標邁進，不僅可達到部門及員工的整體綜效，同時也可釐清各部門的角色及責任，且可強化SSU的功能與角色，全力協助HQ或SBU此內部顧客創造價值，進而提升團隊的合作力，增進組織的綜效。

（五）BSC的因果關係解決經營績效不易突破的困境

BSC所包含的四大構面與七大要素之間，存在水平及垂直的因果關係，透過垂直及水平因果關係，可分析出企業各種衡量指標及整體經營績效無法達成的原因，協助經營者找出營運上的缺口及瓶頸。換言之，當管理者常常檢視這些因果關係時，會更加理解企業所面對的問題及發生的原因，進而採取對症下藥的改善行動，經營績效自然會一步一步往善的循環方向走。

（六）BSC的學習成長構面解決人才培訓不足的困境

中小企業因為財力有限，無法花費太多錢在不確定性極高的人才培訓計畫上，造成內部出現人才瓶頸，然而，不投入人才培育，企業的發展也會窒礙難行。從BSC學習成長構面的策略性議題、目標及衡量指標中，可清楚的了解企業要如何規畫策略性人才培訓計畫、具備哪些技能的人員是企業未來發展不可或缺的策略性人才。中小企業在資源有限的情況下，應快速培訓策略性人才，因為只有讓策略性人才為組織做出最大的貢獻，才是最睿智的決策。

（七）BSC聚焦策略性資源解決各項資源不足的困境

大部分中小型企業都面臨資源短少的問題，因此，要如何正確使用資源，並將有限資源聚焦在對企業長期策略發展有最大貢獻的事務上，避免無效率或浪費，是中小企業主最需審慎思考的課題。而BSC中四大構面的策略性議題及目標，可以引導企業聚焦在策略核心資源的累積及創造上，幫助企業去蕪存菁，促進組織策略績效大躍進。

三、中小企業成功實施 BSC 的必備條件

中小企業要成功的實施BSC有四大必備要件，如下所述：

（一）由董事長或總經理親自帶領推動 BSC

眾所周知，要端出一道美味的菜餚，需經過廚師的巧手輔以長年的經驗，才能掌握關鍵的火候及調味，將食材的特性發揮到淋漓盡致。基於此理，董事長或總經理即是行政主廚，上菜之前需確認各項菜色的調味、擺盤及溫度，以確保送至顧客眼前的菜餚能色香味俱全。

同理，企業策略的形成和執行，是經營者長期肩負的重大職責。因此，董事長或總經理若能親自帶領導入BSC，向員工展現落實策略的堅韌意志，對BSC能否成功導入具有關鍵性的影響。尤其國內的中小企業，在經營者（老闆）扮演絕對領導的角色下，若沒有親自投入及參與BSC的導入，很可能會流於形式，無法對企業產生實質效益，浪費投入的人力與時間。

（二）設置策略形成及執行的專職單位

在實務上，我們發現在企業內部設立一個策略形成及執行的專職單位是必要的。這個單位的主要任務包括推動企業策略的形成、設計BSC、定期檢討策略性衡量指標達成情形，並且維持一套回饋機制的運作、定期檢驗與修正BSC的內容、發展每年度的策略性行動方案、策略性預算以及策略性獎酬，並定期舉行BSC的成果報告與內容分享等活動。

看到這裡，很多人難免會有疑問：「中小企業的資源已經夠吃緊了，一定要設專職單位嗎？」策略的訂定與落實正是企業競爭力的關鍵，雖然推動BSC的工作不若日常營運作業迫切，但卻是很重要的工程。若由非專職人員負責相關事務，採取任務分工讓各部門員工以「兼著做」的方式進行，很容易使BSC工作放在非常急迫的例行性工作之後，導致BSC執行鬆散、策略執行效益不彰，無法發揮價值。

另外一個常見問題是：「這個專職單位要多少人才足夠？」一般而言，初設階段不需要太多成員，1～2位即足夠，待推行擴大後，再依照策略執行管理的需求逐步增加。

(三) 區分「策略管理系統」與「一般性管理系統」

根據筆者長期導入BSC的經驗，建議中小型企業一定要把管理系統區分為「策略管理系統」與「一般性管理系統」，而BSC為策略管理系統的核心技術。這樣一來，可以幫助企業有效的聚焦心力及資源，並引導不同層級主管重視策略面的管理。以編列預算為例，策略性預算應與一般營運性預算分開編制，可管控執行的情況，以利落實策略性行動方案。

我們建議：策略管理系統應在一般性管理系統有一定基礎的情況下再建置。也就是說，企業的營運及日常管理穩定以後，管理者才能從日常營運的細節中抽身，轉向策略性、大方向的思考與布局。很多中小型或新創企業，因規模小、人力精減，一般性管理的作業流程與制度尚未健全或完整，若此時要再加上策略性工作，組織的執行力會大打折扣，甚至可能影響企業既有業務的發展，不可不慎。

當中小企業主可以多花時間從事「策略性」的管理，少解決「一般

性」的管理問題時，就表示企業主已經有餘裕可以往制訂及執行策略方向邁進，長期下來一定可以提升企業的策略經營績效。

（四）長期規畫建構「質化」的策略性衡量指標

如何衡量企業的「質化」指標一直是個棘手課題。針對這個問題，筆者認為應該長期且持續的建立質化衡量指標系統，有效累積企業經營的各項質化資訊，並成為管理的基礎工程後，才能真正解決質化指標衡量的困境。舉例來說，有一家企業的「學習成長構面」中最佳實務分享的衡量指標，第一年採用「最佳實務分享的次數」；第二年改為採用「最佳實務分享的品質」，也就是在實務分享後，由聽講者即時進行評估，了解分享的品質及滿意度；第三年更進一步，改以「最佳實務分享的效益」為指標，聽講者聆聽最佳實務分享的一、二個月後，才評估分享會對自己的工作有何助益及改進之處。如此長期循序漸進的改善，就能真正衡量最佳實務分享的持續效果。總之，企業必須長期持續的建構及深化質化指標，才能使BSC的效益細水長流，而且滔滔不竭。

長期接觸中小企業，除了深刻體會其經營不易之外，也不難發現經營者心中最真切的隱憂是接班人的培育。企業發展初期，由一群志同道合的夥伴胼手胝足一同打拚，但幾十年過去，經營問題轉為「若要繼續經營下去，下個十年、二十年的策略方向為何？」及「該如何找到合適的人選接班？」建議先從策略形成系統著手，找出未來策略發展的明確方向，緩步的解決中小企業經營者的憂慮，並藉由策略執行系統BSC奠定策略執行力的基磐，兩者相輔相成，使中小企業自強不息，永續經營。又根據長期經驗顯示：中小企業主若能帶領可能接班的兒女或專業經理人，一起奠定策略形成及執行系統，可使管理觀念及思維一致化，

不僅達到異體同心的好效果，接班問題自然也能解決。

註解：

1：經濟部中小企業處，105年（2016年）中小企業重要統計表 https://www.
moeasmea.gov.tw/ct.asp?xItem=14250&ctNode=689&mp=1（最後瀏覽日期
2018.01）

備註：

本章內容修改自吳安妮，2010，〈中小企業脫困之道〉，《哈佛商業評論》全球
中文版，第43期，第88-90頁。

第 **8** 章　化學業實施平衡計分卡案例：公隆化學

一、公隆集團背景說明

公隆集團成立於 1965 年，旗下包括公隆化學及公隆實業兩大子公司，公隆化學主要從事特用化學產品中利基市場的製造與行銷，公隆實業則是為客戶量身製造家庭生活家具、教育機構家具、辦公室家具及相關周邊產品。

公隆集團主要分為塗料事業處（SBU1）、表面處理事業處（SBU2）及特用家具事業處（SBU3），前兩個事業處屬於公隆化學，後者屬公隆實業。圖 8-1 為公隆集團組織架構圖。

公隆化學塗料事業處長年投身生產和行銷特用化學品，不僅是專業生產色料、功能性添加劑、乳化蠟、特用樹脂的製造商，其相關產品廣用於工業塗料、木器漆、油墨、皮革、印刷上光油（over print varnis, OPV）等產業；公隆化學表面處理事業處產品線則以特用清洗劑、金屬表面處理添加劑、電子化學品為主，為汽機車、印刷電路板、電子配

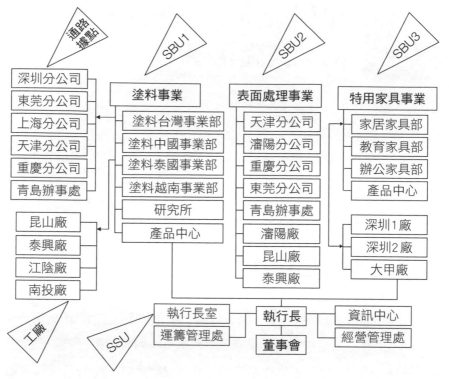

圖8-1　公隆集團組織架構圖

出處：公隆集團提供。

件、金屬素材、工業電鍍、家電等相關產業提供服務。公隆化學並不以此為滿足，引進並代理歐、美及日本等知名品牌的強勢產品，提供各種應用產業配套的產品組合，致力成為專業配套服務的特用化學品供應商。

公隆實業特用家具事業處主要產品為家居生活、教育市場、辦公室家具及周邊用品，服務對象為歐美日的進口商、直銷商、製造商及零售通路，矢志成為特用家具的專業供應商。

公隆集團創立之初為一貿易商，主要從事染料、塗料及油墨添加劑等化學品的買賣與進出口，經常與國外大廠接觸掌握市場動向，因此投入製造生產之後，在產品的品質及價格上，與以臺灣內需市場為主的其他廠商相比，有更大的彈性與創新思維，且具有廣闊的國際視野。

當面臨國際經濟持續不景氣、下游加工產業紛紛外移、內需市場縮小等窘境，加上中國內需市場的興起，提供臺灣企業極為有利的發展條件下，公隆集團於1995年將重心移往中國，進行生產及銷售。進入中國市場經營初期，公隆集團將主力放在華東地區，採取與國外策略夥伴合資設廠的經營方式，從事相關利基性產品的生產，並引進與代理歐、美及日本等知名品牌的強勢產品，透過業務員銷售，積極打開中國市場。之後進一步於華南地區成立分公司，透過在地經銷商與業務員雙軌銷售模式，建構銷售通路。

本章將以公隆化學為個案對象，詳細說明其實施BSC的歷程。

二、公隆化學實施 BSC 的主要目的

（一）導入BSC之前既有的管理制度

1. 已經有目標管理制度，但是策略執行力並未提升

導入BSC之前，公隆化學每半年舉行一次年度計畫發表會，以六個財務性指標（銷貨收入、毛利、毛利率、費用、應收帳款周轉率、庫存周轉率）進行目標管理（MBO TOP 6）。發表會中，各部門主管需提出未來半年的六項重點策略與改善專案，視為該部門的主要策略重點，

並提出落實策略的行動方案。但在目標管理下，各單位無法有效的連結公司策略，各自以所屬的部門設定目標，對於公司整體的策略缺乏了解，且目標管理制度所依據的六項績效指標偏重短期、財務面的向度，無法檢視策略執行的真實情況。

2. 有績效獎酬制度，但與策略毫無關聯

導入BSC之前，公司的績效獎金制度依部門性質而異，各SBU的績效獎金按照年終營運結果（例如：營業利益較去年成長20%），提撥部門損益（分攤費用後）的固定比例為獎金。SSU的績效獎金則以可分配獎金總額為基礎，再依據個別部門獎勵辦法發放。至於員工分紅制度，總額依公司別稅後盈餘提撥固定百分比，再由各部門主管評估員工貢獻度以決定分紅金額。此制度下的報酬，缺乏與公司策略的連結性，評估過程亦未有客觀且具體的標準，逐漸不具激勵性。

（二）導入BSC的目的

公隆化學導入BSC的目的在於提高策略落實度、提升績效及強化組織橫向與縱向的溝通，有關BSC導入的主要目的如下所述：

1. 具體落實策略

執行長檢視公司內部既有的管理問題，發現主管心中的構想難以向下溝通，各階層主管對於策略認知有所差異，導致策略容易流於口號、缺乏與策略連結的行動方案，組織基層成員無法完全執行策略，因而想導入BSC具體落實策略。

2. 強化內部溝通

公司成員眾多，在目標管理之下形同多頭馬車，組織資源難以聚焦。因此，組織迫切需要建構一套完整且整合的策略管理系統，以協助組織聚焦並溝通策略，進而提高策略認知度與落實度。

3. 強化策略績效評估及獎酬制度

如上所述，公司原有的績效評估及獎酬制度缺乏與策略的連結性，且評估過程亦未有具體客觀的標準，因此，希望透過BSC提供可依循的策略績效評估及獎酬機制方向，將員工的注意力集中在與策略最相關的工作上。

三、BSC 專案團隊及實施過程

（一）BSC專案團隊與運作方式

公隆化學的BSC專案團隊成員，除了筆者擔任指導顧問協助推動外，執行長及重要的高階管理人員皆投入導入工程，茲以圖8-2呈現BSC專案團隊的成員及其責任。

由圖8-2中可知，公隆化學BSC專案團隊中的外部指導顧問、執行長、執行長室BSC負責團隊、經營管理處、資訊中心及SBU主管，都有非常明確的工作職責。

（二）專案推行時程

公隆化學自2002年3月開始推行BSC專案，歷經導入前的準備階段、設計階段、執行階段以及設計績效獎酬辦法階段，以圖8-3列示各

發展階段及其時程。

1. BSC 第一階段 ── 準備期：2002 年 3 月至 7 月

　　在準備期先成立BSC 專案團隊，由執行長擔任召集人，並組成高
階主管的推行經營團隊，包括經營管理處、資訊中心與各SBU主管。
BSC專案團隊成立後，隨即著手BSC的相關教育訓練課程，完成總公
司的使命、願景、價值觀及策略。

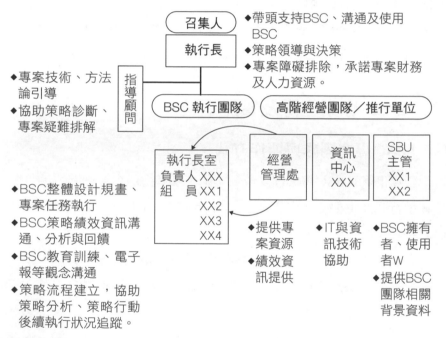

圖8-2　BSC專案團隊組織圖：以公隆化學為例

出處：公隆化學提供。

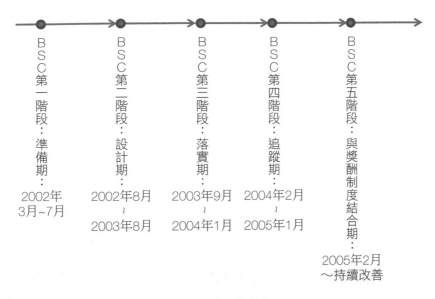

圖8-3　BSC發展階段及時程圖：以公隆化學為例

出處：公隆化學提供。

2. BSC第二階段 ─ 設計期：2002年8月至2003年8月

　　各SBU根據第一階段訂定的總公司使命、願景、價值觀及策略，進行第二階段總公司BSC設計，包括策略性議題、策略性目標、策略地圖，並進行缺口分析，以及設定相關的策略性衡量指標、目標值與行動方案。2003年初，原先只實施於臺灣總公司的BSC開始移轉，並落實到兩個SBU。此階段藉由策略訪談會議來解明並決定策略性議題及目標，集思廣益如何讓各SBU實現總公司的策略性議題及策略性目標，又能發展出符合市場所需的自有特色，進而形成各SBU的策略地圖。並且透過每月一次定期的專案產出報告，以及不定期的BSC教育訓練、月會和電子報等方式，傳達BSC的概念。

3. BSC 第三階段 ── 落實期：2003 年 9 月至 2004 年 1 月

此階段的首要任務在於將 BSC 融入員工的日常工作中，此時，根據各 SBU 的策略地圖與年度的策略執行重點目標，發展出一頁管理表，並定期舉行策略績效報告，透過簡單的管理方式，將 BSC 的思維扎根於員工的日常工作中。

4. BSC 第四階段 ── 追蹤期：2004 年 2 月至 2005 年 1 月

此階段開始建置 BSC 的資訊系統及策略性議題、目標、衡量指標等的重點流程檢討，以及修正方向與內容，因而此階段被稱為追蹤期。

5. BSC 第五階段 ── 與獎勵制度結合期：2005 年 2 月開始持續改善

此期，公司首度依據 BSC 中的 SPI 表現來分配業務員的團隊績效獎金，希望業務員努力的方向與公司策略目標一致。另一方面，針對管理需求，開發相關管理系統，例如：新產品開發管理系統、售前管理系統等，以期能運用資訊科技讓 BSC 的相關流程更具競爭力，使整體運作更流暢有效率。

四、BSC 的實務設計及運用

（一）總公司的策略形成

公隆化學運用 SWOT 計分卡做為策略討論的架構，內部展開策略討論會議，歸結出以下關於公司定位與策略的描述：

1.定位

產業價值網的經營者，以解決方案提供者為職志，提供顧客導向的配套服務。

2. 公司策略

(1)「抱大腿策略」：和主流產業中利基廠商策略聯盟，完成全球化布局。

(2)「混血策略」：找產業領導製造商，在研發、製造及通路上策略協同合作。

(3)「調味專家策略」：專注於經營利基市場及利基產品。

(4)「加值服務策略」：從事製造的服務業，核心競爭力為「加值」服務。

策略形成之後，便要透過策略執行系統BSC，將策略有效的在組織中落實。指導顧問透過BSC四大構面的架構，協助公司有效的將策略轉化成具體的行動內容，以及建立整合性的策略執行管理架構，讓公司跳脫過去只以短期與財務指標為重點的管理缺口。

（二）總公司BSC的展開—— BSC設計的八大步驟

公隆化學總公司層級的BSC設計八大步驟如下：

1. 策略性議題的形成

在公司內部的BSC會議中，執行團隊根據總公司提出的策略內容，據以形成顧客構面或內部程序構面的策略性議題，如圖8-4。

例如第一項策略主軸，是將自己定位成「以解決方案提供者為職

志」，且以提供加值服務為策略，因而形成顧客構面的議題為：能提供顧客「全面性的技術及解決方案的服務領導」。此外，因公司善用「策略聯盟」及完成全球化布局，因而凸顯出「風險」因素的重要性，形成內部程序構面中的「風險管理」此策略性議題。

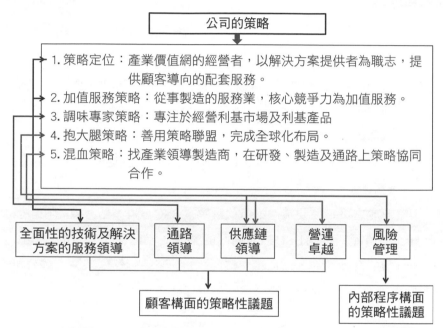

圖8-4　策略導引顧客構面及內部程序構面的策略性議題圖：以公隆化學為例
出處：公隆化學提供。

　　接著再以顧客構面的策略性議題為主軸，引導出財務、內部程序及學習成長構面的策略性議題，如圖8-5。

2. 策略性目標的形成

　　公隆化學在形成總公司四構面的完整策略性議題後，即以策略性議

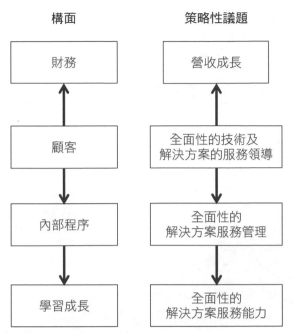

構面　　　　　　　策略性議題

財務	營收成長
顧客	全面性的技術及 解決方案的服務領導
內部程序	全面性的 解決方案服務管理
學習成長	全面性的 解決方案服務能力

圖8-5　策略性議題導出圖：以公隆化學「全面性的技術及解決方案的服務領導」的策略性議題為例

出處：公隆化學提供。

題的方向為基礎，展開一連串討論。在指導顧問的帶領下，首先由執行長、相關主管及組員們分別提出策略性目標，進行策略性目標腦力激盪會議（如表8-1），探討為達到策略性議題，組織所必須達成的策略目的或成果，以發展各策略性議題下的策略性目標。之後數度召開策略性目標討論會議，由主管們根據其業務情況，加上指導顧問的從旁引導，一起彙整修訂出策略性目標。

表 8-1　策略性目標討論架構表：以公隆化學「全面性的技術及解決方案的服務領導」的策略性議題為例

構面	策略性議題	討論的策略性目標		
		執行長	財務經理	專案成員
財務	營收成長	1. 財務、投資利潤 2. 客戶價值提升 3. 國際雙向合作 4. 新產品引進、出口	1. 目標客戶營收成長 2. 新產品上市	1. 提升利基產品的銷售量 2. 提高客製化產品比重
顧客	全面性的技術及解決方案的服務領導	1. 國外合作 2. 產品組合 3. 服務體系 4. 忠誠顧客／目標顧客 5. package service 6. internet marketing	1. 提供客戶全方位服務	1. 擴展現有顧客的服務範圍 2. 提供全面性的解決方案 3. 提供客戶具有附加價值的服務
內部程序	全面性的解決方案服務管理	1. 產品線組合 2. 產品開發、組合 3. door to door 整合能力 4. e-service、e-commerce		1. 業務與 RD 人員對客戶問題及需求的了解，並提出解決之道。
學習成長	全面性的解決方案服務能力	1. 業務、客戶服務能力（SOP game rule） 2. 解決問題／創新／team approach		1. 加強業務及 RD 人員對客戶問題的解決能力 2. 整合製程上、下游廠商的能力

出處：公隆化學提供。

　　茲以「全面性的技術及解決方案的服務領導」策略議性題為例，說明由策略性議題所引導出的策略性目標內容，如圖 8-6。

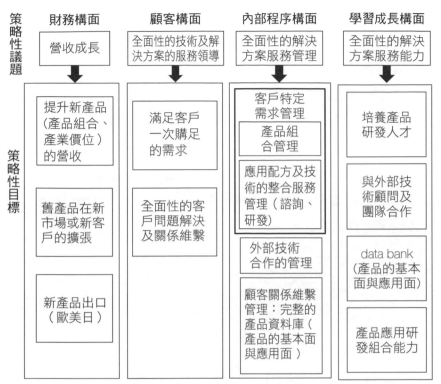

圖8-6　策略性目標形成圖：以公隆化學「全面性的技術及解決方案的服務領
　　　導」的策略性議題為例

出處：公隆化學提供。

　　當執行團隊彙整所有策略性議題的策略性目標時，果真如預期，產
生了策略性目標過多的情況，於是執行團隊依循指導顧問提出的策略性
目標分類，著手定義策略性目標的屬性，區分為短中長期、差異競爭優
勢及重要性程度，讓公司的策略更聚焦在關鍵的策略性目標上。

3. 策略地圖的形成

　　形成BSC四大構面的策略性議題及策略性目標後，即可進一步根據因果關係繪製公司的策略地圖。以「全面性的技術及解決方案的服務領導」為例，如圖8-7，透過學習成長構面「產品應用研發組合能力」的掌握，以及「培養產品研發人才」，可以支援內部程序構面的「產品組合管理」、「客戶特定需求管理」的目標，進一步創造顧客構面「全面性的客戶問題解決及關係維繫」及「滿足客戶一次購足的需求」的價值主張，有利於達成財務構面「擴張新市場」及「新產品出口」的策略性目標，繼而促成營收成長。

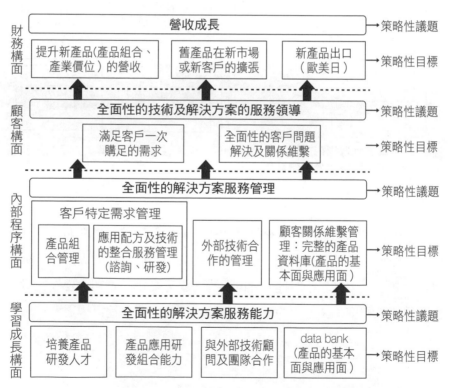

圖8-7　策略地圖形成圖：以公隆化學「全面性的技術及解決方案的服務領導」的策略性議題為例

出處：公隆化學提供。

4. 策略性診斷──水平與垂直缺口分析

　　在這個階段，公司已經初步完成總公司的策略地圖，所以執行團隊開始依據指導顧問的引導，形成缺口分析進行架構，針對策略性議題及目標的理想與現況的缺口比較分析。執行團隊進行缺口分析的實際過程如表8-2。

表8- 2　缺口分析實際推行過程表：以公隆化學為例

流程	步驟說明
蒐集公司背景資料	蒐集公司各項背景資料，以了解公司策略議題、目標、衡量指標的現況。
彙整及判斷資料	將蒐集來的資訊彙整進缺口分析矩陣之中（先做水平缺口，後做垂直缺口）。
進行理想與現況的缺口分析	依照矩陣缺口做分析討論
説明結果及建議	找出缺口的解決方法

　　在缺口分析過程中，執行團隊分別檢視了策略性議題及目標現況與理想的落差，表8-3及圖8-8分別以「全面性的技術及解決方案的服務領導」策略性議題，進行水平與垂直缺口分析。

5. 策略性衡量指標及目標值的形成

　　公隆化學依照指導顧問的建議，將專案執行小組分成最佳實務組及內部訪談組，分別蒐集及設計各策略性目標的衡量指標。最佳實務組針對文獻及學術研究提出相關建議，而內部訪談組則依公司實際運作狀況，訪談各策略性目標相關流程人員的意見，進行策略性衡量指標的設計。

表8-3 水平缺口分析表：以公隆化學「全面性的技術及解決方案的服務領導」
的策略性議題為例

理想性BSC VS.現階段策略執行狀況（水平缺口分析）				
構面	策略性議題		策略性目標	
	理想	現況	理想	現況
財務	營收成長	營收成長	提升新產品（產品組合、產業價位）的營收	目標缺口
			舊產品在新市場或新客戶的擴張	目標缺口
			新產品出口（歐美日）	目標缺口
顧客	全面性的技術及解決方案的服務領導	議題缺口	滿足客戶一次購足的需求	目標缺口
			全面性的客戶問題解決及關係維繫	全面性的客戶問題解決及關係維繫
內部程序	全面性的解決方案服務管理	全面性的解決方案服務管理	產品組合管理	產品組合管理
			應用配方及技術的整合服務管理（諮詢、研發）	目標缺口
			外部技術合作的管理	目標缺口
			顧客關係維繫管理：完整的產品資料庫（產品的基本面與應用面）	目標缺口
學習成長	全面性的解決方案服務能力	議題缺口	培養產品研發人才	培養產品研發人才
			產品應用研發組合能力	目標缺口
			與外部技術顧問及團隊合作	目標缺口
			data bank（產品的基本面與應用面）	目標缺口

出處：公隆化學提供。

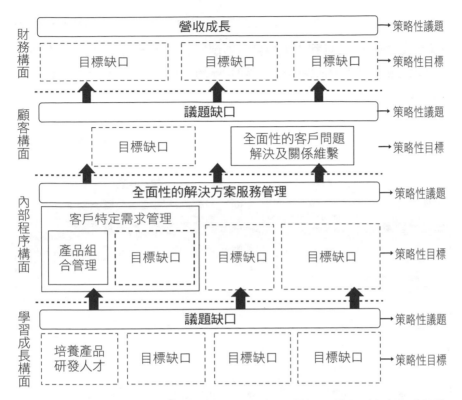

圖8-8 垂直缺口分析圖：以公隆化學「全面性的技術及解決方案的服務領導」的策略性議題為例

出處：公隆化學提供。

　　訂定相關指標後，接下來必須進一步了解各指標資料在組織內部的狀況。由於表單是指標資料的重要來源，因此執行團隊對表單進行大規模的蒐集動作，從中理解表單所提供的資料是否充分、表單制度是否完整以及指標資料來源是否足夠，進而找出需要修改及新增的表單或制度，確認並建立衡量指標所需的資訊。在設計及討論時，記錄工具則引用了指導顧問所提出的架構，一一區分出每項指標的屬性，標示領先或

落後、短期或是中長期，以及明訂指標的覆核週期、方向性及該指標的定義（如表8-4），以利未來規畫各項預警之用。表8-5為延續「全面性的技術及解決方案的服務領導」議題，發展出完整的衡量指標及目標值的實務內容。

表8- 4　衡量指標設計表：以公隆化學「全面性的技術及解決方案的服務領導」的策略性議題為例

構面		顧客構面
策略性目標		全面性的客戶問題解決及關係維繫
策略性衡量指標		客戶全面性問題解決的滿意度
公式		了解顧客對於提供的全套解決方案服務的滿意程度
目標值		70%以上
衡量指標分類	領先	V
	落後	
	短期	V
	中長期	
指標覆核週期		季
指標方向性		愈高愈好
指標的定義		定義的目標客戶： A級 B級 C級
指標所需資料		在客戶滿意度調查表中設計問題
指標資料目前公司可取得程度		可以透過客戶意見調查表的方式來蒐集該指標，但調查表中的問題需重新設計。
資料來源（資訊系統或表單名稱）	資訊系統名稱	無
	文件表單報表名稱	客戶滿意度調查表
	備註	調查表中的問題需重新設計，要新增客戶對全面性解決方案的滿意度這一項。

指標狀況	指標資料目前公司可取得程度	1＝完全無此資料，且無法計算或取得。 2＝目前無此資料，但可計算或取得。 3＝有資料但需人工計算 4＝有資料且已自動化 5＝有資料但為非量化資料

出處：公隆化學提供。

表 8- 5　策略性衡量指標及目標值表：以公隆化學「全面性的技術及解決方案的服務領導」的策略性議題為例

構面	策略性議題	策略性目標	策略性衡量指標	短期策略性衡量指標的目標值
財務	營收成長	提升新產品（產品組合、產業價位）的營收	新產品組合的銷售量	1XX,000,000
			新產品營收成長率	30%
		舊產品在新市場或新客戶的擴張	既有產品在新產業的銷貨收入成長率	15%
			既有產品在新客戶的占有率	25%
		新產品出口（歐美日）	現有產品及大陸生產產品在歐美日市場的銷售總量	2,XXX,000
			現有產品及大陸生產產品在歐美市場的銷貨收入	$1XX,XXX,000
顧客	全面性的技術及解決方案的服務領導	滿足客戶一次購足的需求	目標客戶對產品組合、應用配方及技術服務的滿意度	70%
			目標客戶的成交率	10家
		全面性的客戶問題解決及關係維繫	客戶全面性問題解決的滿意度	70%
			主動解決客戶問題的頻率次數	100次

		產品組合管理	引進新產品件數	3-4個
內部程序	全面性的解決方案服務管理	應用配方及技術的整合服務管理（諮詢、研發）	配方及技術結合的結案率	90%
		外部技術合作的管理	外部顧問解決問題的比例	70%
		顧客關係維繫管理：完整的產品資料庫（產品的基本面與應用面）	產品資料更新比數	2筆/月
			客戶對資料庫內容及使用方便性的滿意度	80%
學習成長	全面性的解決方案服務能力	培養產品研發人才	產品教育訓練時數	100小時
		產品應用研發組合能力	建置實驗室的進度	50%
		與外部技術顧問及團隊合作	外部顧問合作的滿意度	80%
		data bank(產品的基本面與應用面)	data bank建置完成率	70%

出處：公隆化學提供。

6. 策略性行動方案

策略性行動方案的內容，有下列七項重點說明：

(1) 訪談並從事行動方案現況分析：理論組依策略性目標找尋相關行動方案，實務組依理論組產出的文獻資料，搭配「訪談記錄表」訪談目標負責人（執行長指派目標給各部門負責人）。以下舉「行銷網路（地區及產業及通路）擴張」的策略性目標為例，受訪者為特化部門主管，經過訪談及現況行動方案分析，形成如表8-6的分析內容，同時在此目標下，形成：1.建立大中華行銷管理體系；2.建立全球行銷管理體系兩項行動方案。

表8- 6　行動方案現況分析表：以公隆化學為例

策略性議題	通路領導	此策略性目標是否為差異化競爭優勢	策略性目標的重要程度（5等級）	短期行動方案	中長期行動方案
策略性目標	顧客：行銷網路（地區及產業及通路）擴張 內部程序：行銷管理體系（客戶、team）	X	5	V	V
為達成策略性目標，現行的策略行動方案／核心作業流程	由網路、參展、現有客戶的介紹（人脈關係），以及與某產業中顧客最常使用的品牌進行搭配。利用以下四種方法來鎖定目標客戶（區域或產業），目前行銷管理是由各部門負責 一、網路：有些客戶會自己找資料，因此透過網路，也是搜尋顧客的來源之一。 二、參展：參展的目的是增加能見度，參展時也會搭配通路商一起參加、開經銷商會議，同時也會藉由參展來蒐集市場及產品資訊。因為公隆化學想要買，也想要賣。設定和選擇要參加的展覽也非常重要，一旦發現利用展覽尋找客戶的效益不大時，就會停止參展。 三、現有顧客介紹：目前以人脈介紹為增加顧客最有效益的方式，但這一點有利有弊，因為在歐洲的經銷商大多熟識，會相互比較公隆化學給予他們的交易條件。	既有策略行動方案、管理與行動流程的缺點描述（what） 1. 行銷管理是由各部門自行負責 2. 參展效益不夠高 3. 透過人脈介紹的效益雖高過參展，但仍有其缺點。	形成缺點的原因分析（why） 總公司缺乏統一機制 1.某些客戶的需求產品無法滿足 2.沒有找到有需求的客戶：公司不做end-user，但參展者多為end-user，或許能幫經銷商找顧客，但對於公司要找目標客戶較沒有幫助。 1.人脈不夠廣泛 2.經銷商彼此不認識，會互相比較。	為了解決現況缺點的策略性行動方案	改進未來策略性行動方案的名稱或重點內容 1.建立大中華行銷管理體系 2.建立全球行銷管理體系

策略性行動方案的重要程度（5等級）		改進後的未來理想藍圖或架構(what)	層級		策略性目標下的績效衡量指標	具體的研究議題	相關的理論及文獻
			總公司（整合性）	SBU（功能性）			
		四、與產業中顧客最常使用的品牌進行搭配			4.網站設計不夠專業，且無專業人士支援。	國外競爭對手的網站非常專業，相當具有競爭力；公司找來的人沒有辦法專職負責網站設置工作，必須分出時間在其他業務方面。	
					5.缺乏參展前及展後評估	評估方式難以設定	
短期	中長期			V	通路：目標數量及銷售目標達成率；目前開發的經銷商，都沒有設計績效衡量指標。		

出處：公隆化學提供。

接下來，執行團隊按照指導顧問的建議，陸續依照行動方案的發展步驟，進行現況分析及行動方案的訂定，如表8-7所示。

(2) 列舉現有行動方案：將部門年度計畫中的行動方案一一列出。

(3) 由策略性議題、目標、衡量指標來檢視關聯性，將策略性行動方案與目標對應。

(4) 描繪現有行動方案與策略行動方案的關聯性：部門主管透過「一頁管理表」來了解具體行動方案的內容，如表8-8所示。

(5) 剔除與發展新行動方案：去除非策略性行動方案及產生新的行動方案來支持未對應的目標。

表8-7 策略性行動方案篩選架構表:以公隆化學「全面性的技術及解決方案的服務領導」的策略性議題為例

策略執行主軸:
今年下半年策略執行重點在於深耕目標客戶,所謂的目標顧客包括主力客戶和潛力客戶,我們要提升打造這些顧客的採購佔有率,也就是要專注於 customer share 的成長;在內部程序上,要針對目標顧客有技巧的進行銷售拜訪,並建立行銷 SOP 和產品 data bank,以強化銷售團隊對行銷流程和產品應用方面的掌握度,以滿足目標顧客的需求。

2003下半年度計畫暨 BSC 績效報表

構面	策略性目標	策略性衡量指標	覆核週期	目標值(單位:百萬)	實際值	03/5	03/6	03/1-6累計	策略行動方案 2003/7/1
	策略性議題								略
財務	提升新產品(產品組合、產業單位)的營收	新產品組合的銷售量	半年	$1xx	...				M(產品資料庫)
		新產品營收成長率	每月	30%					產品組合專案
	舊產品在新市場或新客戶的擴張	既有產品在新產業的銷貨收入成長率	每季	15%					客戶滿意度調查 及 經銷商報告
		既有產品在新客戶的占有率	每季	25%					
	新產品出口(歐美日)	現有產品及大陸生產產品美日市場的銷貨總量	每季	$2					
		現有產品及大陸生產產品美日市場的銷貨收入	每季	$1xx					
顧客	滿足客戶一次購足的需求	目標客戶對產品組合、應用配方及技術服務的滿意度	每季	70%					
		目標客戶的成交率	每季	10家					
	全面性的技術及解決方案服務領導	客戶全面性問題解決的滿意度	每季	70%					
	解決客戶問題維繫關係	主動解決客戶問題解決率的頻次	每季	100家					
略									

列舉現有行動方案

行動方案與策略性議題的連結關係

出處:公隆化學提供。

(6) 為行動方案訂出優先順序：採三分制區分，分數愈高愈重要。

(7) 列出行動方案細部執行計畫，詳細內容包含：

　　　A. 行動方案的執行起迄日期；

　　　B. 行動方案的權責部門／負責人；及

　　　C. 行動方案的執行部門／人員、支援部門／人員。

7. 策略性預算

　　公司需為訂定策略性行動方案編列足夠的執行預算及資源，以利行動方案的執行與運作，此部分細節，不擬贅述。

表8- 8　BSC一頁管理表 ── 以公隆化學為例

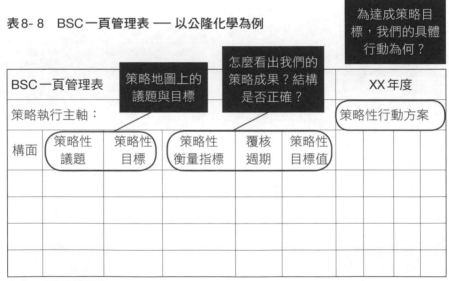

BSC一頁管理表	策略地圖上的議題與目標		怎麼看出我們的策略成果？結構是否正確？			XX年度　為達成策略目標，我們的具體行動為何？		
策略執行主軸：						策略性行動方案		
構面	策略性議題	策略性目標	策略性衡量指標	覆核週期	策略性目標值			

出處：公隆化學提供。

8. 策略性獎酬

實施BSC後，業務員績效獎金制度依據策略性思維而設計，不再只是強調個人的業績收入，而是著重於銷售策略性產品與建立策略性顧客的關係。公隆化學考量到原有獎酬制度所衍生的問題，改變幅度太大恐將引起過度反彈，因而決定交由負責獎酬制度設計的專案小組與兩位SBU主管共同討論，了解兩個事業處評估的重點，將共通的SPI納入業務員的績效獎金計算辦法，希望透過BSC結合績效獎酬制度，達到業務單位與總公司的策略目標一致，亦能有激勵效果。

（三）策略事業單位（SBU）與總公司的綜效

1. 總公司策略性議題及目標的選擇與承接

接下來以公隆化學的塗料事業處為例，說明透過指導顧問的SBU發展架構圖，進行SBU的BSC發展內容。

該塗料事業處以代理國外知名品牌的高性能添加劑為主，同時針對顧客的特定需要及特殊問題，提供相關產品組合及應用配方建議。內部價值鏈中的著力點主要為行銷及服務，因而根據部門特色選擇承接總公司BSC顧客構面的策略性議題：「全面性的技術及解決方案的服務領導」及「通路領導」，以及內部程序構面的策略性議題「風險管理」。其他對該事業部不重要的議題，即按照指導顧問所提出的SBU發展邏輯，不予承接。圖8-9說明該事業部的策略性議題與總公司策略性議題的承接關係，圖中實線的策略性議題即為該事業部承接總公司的策略性議題，虛線則為未承接的部分。

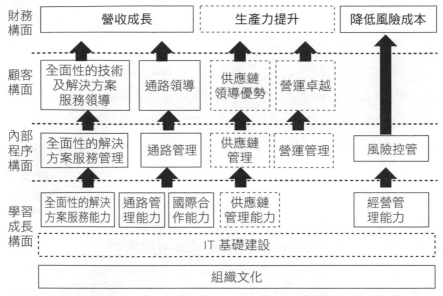

圖 8-9　SBU 承接總公司策略性議題圖：以塗料事業處為例

出處：公隆化學提供。

2. SBU 策略地圖的建立

確立塗料事業處的策略性議題及目標之後，BSC 專案團隊協同 SBU 部門主管進行策略因果關係的連結，形成策略地圖。塗料事業處的策略地圖，如圖 8-10 所示。

3. SBU 的策略性衡量指標、目標值及行動方案的形成

實施 BSC 前，公隆化學原有的策略及專案行動的管理機制為每半年舉辦計畫發表會，利用六大財務指標（銷貨收入、毛利、毛利率、費用、應收帳款及庫存的目標值）進行目標管理，各 SBU 主管需針對未來半年規畫六項重點策略與改善專案，並據以發展下半年度的相關行動

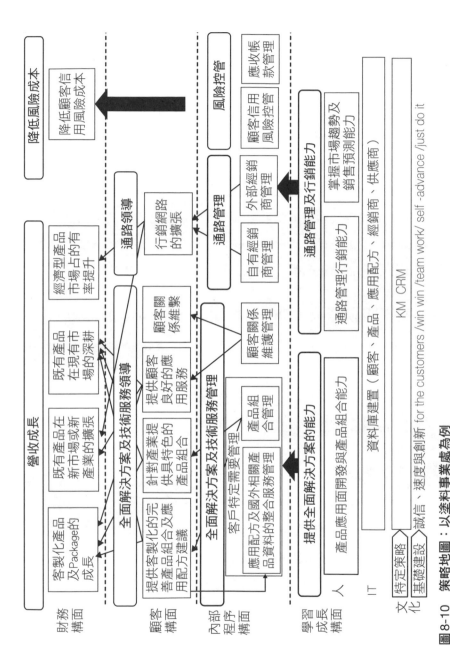

圖 8-10　策略地圖：以塗料事業處為例

出處：公隆化學提供。

方案。BSC實施後，因完整的發展出各SBU的策略性議題、策略性目標、衡量指標及目標值後，執行團隊即以各SBU年度計畫為基礎，協同部門主管共同檢視部門現有計畫或專案，並依其與策略性目標的關聯性，區分為策略性及營運性的行動方案，並針對短期目標立即採取行動。但由於缺乏相關行動支持的策略性目標，必須重新發展策略性行動方案，以支援策略性目標的達成。

表8-9說明塗料事業處的BSC展開過程。在該SBU發展衡量指標過程中，其衡量指標的選定主要來源有二：一是參考總公司策略性目標的衡量指標，二是由主管及執行團隊依部門特色設計出關鍵衡量指標，並由部門主管訂出各衡量指標的目標值。

（四）共享服務單位（SSU）與總公司及SBU的綜效

如本書第五章所述，執行團隊根據SSU的BSC發展架構，第一步先進行需求與供給對應分析，主要目的在了解內部各單位對SSU的需求及服務提供的狀況，針對供需不一致的情況進行分析討論，做為進一步發展服務協議的基礎。具體內容說明如下：

1. 需求供給調查

(1) 調查各部門對 SSU 的服務需求

執行團隊首先根據SBU的策略性議題和目標，調查其需要SSU支援的項目，擬訂對各SSU的服務需求後，再請各SBU主管針對執行團隊提出的服務需求項目，一一覆核並確認，表8-10為塗料事業處的服務需求項目的部分內容。

表8-9 策略性衡量指標、目標值及行動方案產出圖：以塗料事務處「通路領導」的策略性議題為例

構面	策略性議題	策略性目標	衡量指標	目標值	策略性行動方案
財務	營收成長	既有產品在新市場或新產業的擴張	• 目標產品在新產業或新市場的銷貨成長率	25%	
		經濟型產品的市占率提升	• 經濟型產品營收占總營收百分比	25%	
顧客	通路領導	行銷網路的擴張	• 每年新增行銷據點總數 • 目標產業類別的顧客數	3~4個 200位	1：華南及其他地區市場布局（新通路、經銷商的找尋） 2：增加A產品在臺灣地區的主要客戶
內部程序	通路管理	自有經銷商管理	• 自有經銷商滿意度調查 • 經銷量及金額 • 自有經銷商評比	80% - -	3：跨部門合作的經銷商服務協議
		外部經銷商管理	• 外部經銷商滿意度調查 • 經銷量及金額 • 外部經銷商評比	90% - -	
學習成長	通路管理及行銷能力	通路管理行銷能力	• 行銷幹部專業技能的受訓時數	12hr	4：市場人員培訓計畫
		掌握市場趨勢及銷售預測能力	• 定期市場報告的提交數	6次	5：部門內部每月分化學專題
		經銷商資料庫建置	• 更新資料庫的次數 • 員工對於data bank的使用滿意度	12次 80%	6：經銷商資料庫建置進度與規畫

出處：公隆化學提供。

表8-10 服務需求調查表：以塗料事業處為例

構面	策略議題	策略目標	共享服務部門	服務需求	服務需求時間	服務提供優先順序
內部程序	風險管理	風險管理 顧客信用	經營管理處	建立整體信用額度的標準	每季	1
				提供顧客信用調查報告	每季	2
				提供應收帳款的警訊資訊	隨時	3

出處：公隆化學提供。

(2) 進行需求供給調查分析

　　執行團隊透過調查SSU的日常作業服務項目，請各SSU主管說明其所提供的服務內容，此步驟同時提供各SSU重新檢視日常營運工作的機會。了解內部顧客的需求及目前服務的提供狀況後，即可進行服務需求與供給分析。茲以公隆化學的共用服務單位經營管理處為例，說明其服務與需求的連結關係，如圖8-11所示。

　　由圖8-11可清楚看出SBU與SSU之間的需求與供給關係，建立需求及提供服務之間的連結後，可清楚呈現SBU與SSU之間是否有服務需求大於供給或供給大於需求的現象。專案團隊召開高階主管會議，邀請執行長與各SBU及SSU的主管，進一步了解需求與供給不對應的原因，決定SSU是否應該繼續提供某些無需求的服務，或增加服務內容以滿足各SBU所提出的需求。

2. 形成服務協議：訂定與各單位間的服務協議

　　根據高階主管的需求供給分析討論結果，各SSU即可與其他單位進行服務協定，雙方就服務提供的內容與程度達成共識，並明訂服務提供的時間及績效回饋項目。表8-11為SSU經營管理處與SBU訂定服務協議的部分內容。

圖8-11 建立SSU服務需求與供給的連結關係圖：以塗料事業處與經營管理處的連結為例

內部顧客需求說明		是否有內部顧客的需求未被服務部門滿足？（需求>供給）		共用服務單位的服務內容：經營管理處			SSU是否供應了沒有人需要的服務？（供給>需求）
內部顧客需求項目	內部顧客		服務項目		服務時間	編號	對應的內部顧客需求表或資訊
1 建立並落實付款條件應準制度與明確的交易條件	表面處理部 電子化學部 特用化學部 管理部		1	提供即時、正確且有收報性的決策資訊表或資訊			
			1.1	月財務報表	每月		
			1.2	進銷存明細表、物齡分析表	每月	2 建立存貨的警訊系統 5 提供收關資訊 6 提供製造成本	
2 建立應收帳款、庫存的警訊系統	表面處理部 電子化學部 特用化學部 管理部		1.3	應收帳款、票據帳齡分析表	每月	2 建立應收帳款的warning system	
			1.4	營運分析報表	每月		
3 顧客信用調查及風險管理	表面處理部 電子化學部 特用化學部		2	建立財會規章制度			
4 針對大陸地區，訂出合理匯款及沖帳時間規定。	管理部		2.1	收、付信用條件的管理	12月底前完成	1 建立明確的交易條件並落實 4 針對大陸地區，訂出合理匯款及沖帳時間規定。	
5 提供收關資訊、包括各工廠進口原物料核銷情況資料、各產品的製造成本及各倉庫存成本資料。	運籌管理部		2.2	客戶的償信調查	新客戶：隨時 舊客戶：每年	3 顧客信用調查	
			2.3	客戶的信用額度建立	12月底前完成	3 風險管理	
6 提供製造成本	研究所		3	應收帳款管理			
			3.1	授信條件與實際收款不符差異分析	每月	2 建立應收帳款的warning system	
7 協助設計衡量指標	資訊中心		3.2	收款期間的控制（內外銷逾齡應收帳款的追蹤）	每週／每月	3 建立應收帳款的warning system	
			3.3	應收帳款保險	發現客戶出貨量大或付款異常時	3 風險管理	

出處：公隆化學提供。

經營管理處服務協議			
服務需求者	服務需求項目	服務提供時間	內部顧客對服務的績效回饋項目
塗料事業處	定期提供顧客應收帳款警訊資料	每月	提供資訊滿意度調查（資訊攸關性、即時性）
	定期提供庫存管理相關資訊	每月	提供資訊滿意度調查（資訊攸關性、即時性）
	顧客信用調查報告	新顧客：交易前既有顧客：每年	信用調查評估次數

出處：公隆化學提供。

3. 建立 SSU 的策略地圖

　　執行團隊首先訪談SSU的主管，了解各SSU的願景及在組織中應扮演的角色，參考學理文獻上各SSU應有的職能，並依據與其他單位訂定服務協議獲得的需求資訊，發展SSU的策略地圖。

　　由於SSU的功能及性質與SBU不同，因此發展策略性議題時，並不像SBU般直接承接總公司的策略性議題，而是自其內部顧客的角度出發，思考主要服務對象的需求，以及能夠提供的服務價值，形成顧客構面的策略性議題後，再依序推導內部程序構面及學習成長構面的策略性議題。至於財務構面，一般SSU主要從提升生產力、降低營運成本，以及提升共用服務單位價值等方向思考，若SSU直接面對外部顧客，則負有營收責任，因而可再加入營收相關議題與目標。茲以經營管理處為例，說明SSU策略地圖的提升內容，如圖8-12所示。

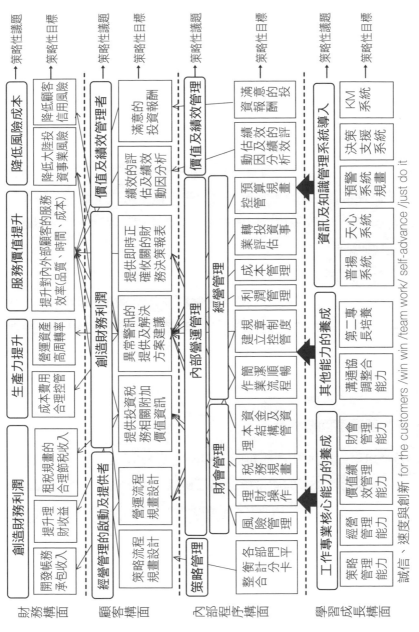

圖 8-12　建立 SSU 策略地圖：以經營管理處為例

出處：公隆化學提供。

4. SBU 與 SSU 的對應連結

　　除了透過服務協議明訂SBU與SSU雙方對服務的預期外，SSU也必須承擔SBU計分卡上特定目標的績效衡量責任。BSC執行團隊藉由連結計分卡格式設計，呈現出跨部門間的合作狀況，以及彼此的責任區分。以經營管理處（SSU）與塗料事業處（SBU）為例，為讀者進一步說明。

　　經營管理處內部程序構面的「規章制度建立及控管」和「預算規畫控管」策略性目標，以及學習成長構面的「預警系統規畫」策略性目標，均可支援塗料事業處內部程序構面的「顧客信用風險管理」策略性目標，並在連結計分卡上清楚說明兩部門間的職責關係。塗料事業處職責為確實落實應收帳款管理辦法（如客戶額度、收款條件），得知或發現客戶有經營異常現象時，應盡速回報財務經營管理處及管理部。經營管理處連結計分卡的策略性目標職責為「預警系統管理」及「訂定應收帳款管理辦法」。經營管理處與塗料事業處連結計分卡釋例，如表8-12所示。

5. 設計內部顧客回饋機制

　　由於SSU必須定期由內部顧客（SBU）處得到實際績效表現的意見回饋，因此可透過SSU的衡量指標及服務協議中，內部顧客對績效回饋項目的設計，定期蒐集內部顧客滿意度資訊，建立顧客回饋機制。

表8-12 連結計分卡格式釋例表：以經營管理處與塗料事業處為例

		塗料事業處計分卡	
構面	策略性議題	策略性目標	目標描述(包括職責說明)
財務	降低風險成本	降低顧客信用風險成本	略
顧客	略	略	略
內部程序	風險控管	顧客信用風險管理 ←	一、策略目標定義： 針對總公司訂出的交易條件政策，以及透過事前顧客信用評等信用額度管理及事後應收帳款管理，來降低顧客延遲付款或應收帳款無法收回所產生的呆帳風險。 二、經營管理處對應的策略目標： 內部程序構面的「規章制度建立控管」、「預算規畫控管」及學習成長構面的「預警系統規畫」策略目標。 三、職責說明： 1.特用化學事業部部門職責： 確實落實應收帳款管理辦法（如客戶額度、收款條件），得知或發現客戶經營異常時，盡速回報財務經營管理處及管理部。 2.經營管理處職責： 預警系統管理及訂定應收帳款管理辦法（包括客戶信用額度訂定、徵信調查、收款team的設立、逾齡應收帳款資料提供、票期過長客戶資料、應收帳款保險、異常警訊或資訊的提供等）。
學習成長	略	略	略

		經營管理處計分卡	
構面	策略性議題	策略性目標	目標描述(包括職責說明)
財務	略	略	略
顧客	略	略	略
內部程序	內部營運管理	預算規畫控管 ←	建立預算制度，使各單位都能清楚且容易的訂出本身的預算，並定期檢視預算的結構。
		規章制度建立及控管 (收付款/庫存管理辦法) ←	針對應收應付帳款及庫存管理訂定規章制度，並確實要求相關單位落實。
學習成長	資訊及知識管理系統導入	預警系統規畫 ←	針對各單位需求的預警系統進行規畫，以產生符合各單位需求的資訊。

出處：公隆化學提供。

五、BSC 實施遭遇的困難與解決之道

（一）BSC實施初期面臨的困難及問題

1. 人員層面：在推動變革初期，因領導者尚不了解BSC的理論基礎，對於該如何著手推動可說千頭萬緒，而內部的主管及員工對於新的專案亦有「增加工作」的誤解，讓此專案初期遭遇不少抗拒聲浪。

2. 技術層面：專案進行至制訂SPI時也遭逢些許波折，尤其是第一次訂定SPI，認為設定愈多的SPI才能悉數管理，造成SPI數量過多、資訊難以蒐集的窘境。

3. 組織層面：缺乏基礎的IT系統以支持BSC專案執行，因而初期無法建立定期追蹤績效的管理機制。

（二）困難的解決之道

1. 人員層面：由領導者發起內部讀書會，公司內部「副總級」以上主管共同參與，並藉由外部顧問適時引導說明，提升內部對於BSC理論的認知，進而凝聚變革的共識。同時，成立專職的BSC執行團隊，由團隊成員執行專案，對於專案事項刪繁就簡，提高各單位對於此專案的配合度。

2. 技術層面：區分策略面與營運面的工作項目，只針對策略性目標進行SPI管理。針對偏「質化」的非財務性指標，掌握行動方案的執行進度，視為重要性管理。此外，BSC執行團隊聽取外部顧問的意見，調整各單位年度計畫格式，將BSC的管理重點與年度計畫融合為一，形

成新的年度計畫表，即「一頁管理表」，這樣一來，除了使BSC的執行成果成為年度管理的一環，還解決了「重工」的疑慮。

3. 組織層面：專案執行之後，透過與資訊部門溝通協調，針對部分得以量化的指標，進行系統化的蒐集與回饋，而每年的年度計畫會議，亦成為定期的績效考核重要會議。

（三）專案執行回歸原點

專案的執行除了領導者要有支持到底的強烈決心之外，更要對企業的優勢了然於心，才能發展出顛覆產業的翻轉策略。而企業的使命、願景及價值觀乃是發展的穩固基石，企業的領導者面臨抉擇之際，必須回到創辦企業的初衷及原點，才能保有金石不渝的意志，將企業一路推往高峰。

六、BSC 對經營績效的影響

2002年，公隆化學透過指導顧問的策略形成系統架構，重新檢視策略重點。藉由導入BSC，協助公司有效落實策略的執行。因而過去幾年，不論是以BSC四構面的角度來看，或是以旗下SBU財務及非財務的觀點來看，都有不錯的績效表現。接下來筆者將分別從推行BSC對其績效、組織面、員工行為面的角度，說明BSC對策略落實及經營績效的影響。

（一）推行BSC對經營績效的影響

1. 集團總經營績效

　　由圖8-13中可看出，公隆化學在2002年導入BSC之後，總營收有持續成長的趨勢，以2001年為基期、指數100表示，2002年的指數為105，2003年的指數為164，2004年的指數為178，2005年的指數為186，2006年的指數為196，顯示公隆化學的策略布局正確，營收在幾年內成倍數成長。總體而言，公隆化學從2001至2016年業績成長528%，利潤成長415%。

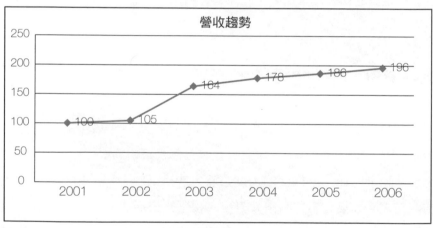

圖8-13　總營收趨勢圖：以公隆化學為例

出處：公隆化學提供。

2. 關鍵績效指標於 BSC 導入後的績效分析

　　(1) 從圖8-14中可看出，公隆化學在導入BSC之後，占80％業績的

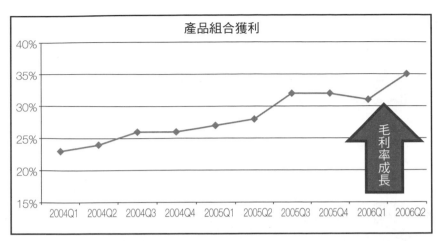

圖8-14 產品組合獲利圖：以公隆化學為例

出處：公隆化學提供。

主力產品毛利率有成長的趨勢，顯示主力產品的獲利性有成長的趨勢。

(2) 由圖8-15中可看出，公隆化學在2002年導入BSC之後，目標產品銷售金額有持續成長的趨勢。

(3) 由圖8-16可看出，公隆化學在導入BSC之後，從2004至2006年，每一季每位業務創造的營收有成長的趨勢，其成長率為49%，顯示有助於集團業務生產力的提升。總體而言，從2004至2016年，每一季每位業務員創造的營收有成長的趨勢，其成長率為125%。

(4) 由圖8-17中可看出，公隆化學在2002年導入BSC之後，Top-50客戶數從2002年的121家，提升至2016年的764家，指標客戶銷售金額2004～2016年持續成長，成長率為198%。至今策略性客戶數成長率為323%。

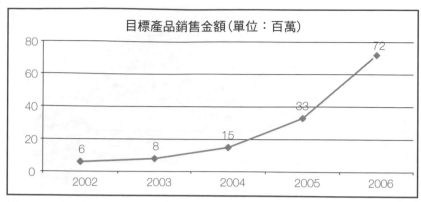

圖8-15　目標產品銷售金額趨勢圖：以公隆化學為例

出處：公隆化學提供。

圖8-16　業務生產力圖：以公隆化學為例

出處：公隆化學提供。

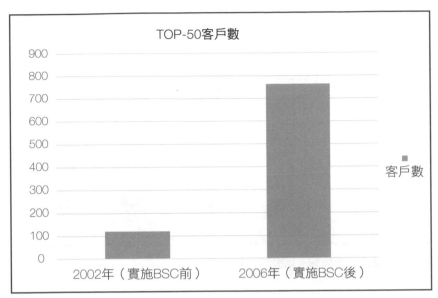

圖8-17　Top-50客戶數趨勢圖：以公隆化學為例

出處：公隆化學提供。

(5) 由圖8-18中可看出，公隆化學在2002年導入BSC之後，交易客戶數從2002年的1,301家，提升至2003年1,690家、2004年2,053家、2005年2,298家、2006年2,335家，客戶數的成長率為79%，顯示公隆化學的客戶數有持續成長的趨勢。

(6) 由圖8-19中可看出，公隆化學在2002年導入BSC之後，有效客戶數從2002年的294家，遽增至2006年1,177家，顯示該公司的有效客戶數成長速度驚人。

(7) 由圖8-20中可看出，公隆化學在2002年導入BSC之後，新客戶數從2003年的718家，提升至2006年910家，顯示該公司的新客戶數有不斷成長的態勢。

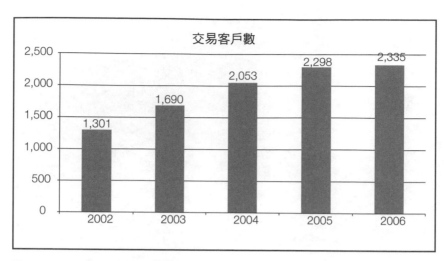

圖8-18　交易客戶數圖：以公隆化學為例
出處：公隆化學提供。

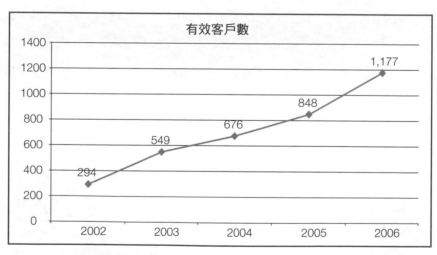

圖8-19　有效客戶數趨勢圖：以公隆化學為例
出處：公隆化學提供。

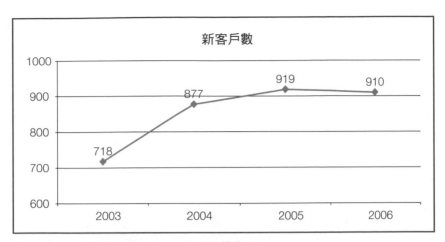

圖8-20：新客戶數趨勢圖：以公隆化學為例

出處：公隆化學提供。

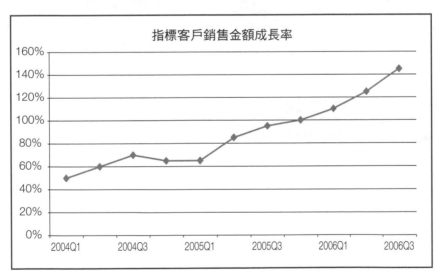

圖8-21　指標客戶銷售金額成長趨勢圖：以公隆化學為例

出處：公隆化學提供。

(8) 由圖8-21中可看出，公隆化學在導入BSC之後，從2004至2006年，每一季的指標客戶銷售金額成長率有持續成長的趨勢，其成長率增加98%。

(9) 由圖8-22中可看出，公隆化學在導入BSC之後，至今國際化策略聯盟合作夥伴家數呈現六倍成長的佳績。

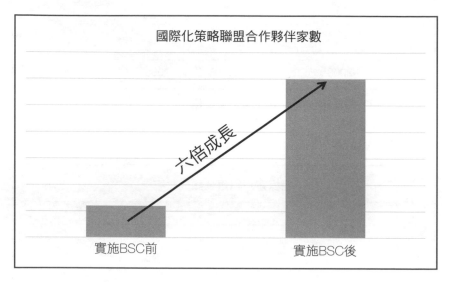

圖8-22　國際化策略聯盟合作夥伴家數成長趨勢圖：以公隆化學為例
出處：公隆化學提供。

（二）推行BSC對員工行為及組織的影響

除了上述BSC對於組織財務績效的具體提升之外，BSC帶給公隆化學的影響，還包括策略性目標的聚焦、建立對內和對外的策略溝通平台、塑造績效導向的公司文化等非財務面的影響。整體而言，員工感受到推行BSC對組織變革有所助益，尤其在策略落實度方面，員工表示

推行BSC有助於訂定策略性行動方案，並提高行動方案落實度。表8-13為BSC對組織及員工產生的具體影響及效益說明。

表8-13　BSC對員工行為及組織影響的效益表：以公隆化學為例

BSC的效益說明	
員工行為面	
對組織策略的了解以及與日常工作的連結	1. 有助於員工了解組織策略及其對策略的貢獻 2. 員工較以往更主動提出相關行動方案，以達成所負責的策略目標。 3. 有助連結策略與員工日常作業 4. 工作內容會因BSC的目標而改變 5. 工作量明顯減輕
主管行為面	
策略聚焦	1. 組織策略發展以BSC為架構，發展出的策略較能掌握市場趨勢與顧客核心價值。
策略落實度方面	1. 有助於訂定策略性行動方案，並提高行動方案落實度。 2. 組織會定期檢視、分析計分卡成果，有助訂定後續改善行動。 3. 策略性績效指標可以有效的整合和管理部門策略的細節
組織管理會議方面	1. 組織會議討論策略時間明顯增加 2. 有助組織開會聚焦，有效率且精簡時間。
組織效益面	
跨部門溝通整合方面——策略溝通平台的建立	1. 高階主管以策略地圖建立跨部門、跨層級的共識，以達到策略溝通的功效。BSC的導入對高階主管的影響，在於高階主管可以透過策略地圖做為溝通的工具，建立跨部門和跨層級的共識，並且利用定期的SPI檢討會議，將各單位的績效資料透明化，進而落實各項管理工作。 2. 促使組織內各部門間產生綜效
塑造績效導向文化	1. 導入BSC之後，除了讓策略明確化之外，各單位的績效資料數字化、透明化，連帶也使績效考核標準化。定期舉行的SPI檢討會議，則是強化了所有員工對目標及績效的責任感。這些改變都讓主管的管理工作更具效率，員工個人也可以針對表現不佳之處進行分析及改善，塑造了內部公平公正的績效導向文化。

出處：公隆化學提供。

透過BSC，公隆化學上至中高階主管、下至員工的行為，無不做了更適切的調整。舉例來說，主管清楚了解公司於學習成長構面的基礎建設相對不足，因此每兩個月，便針對業務員開設產品培訓課程，期以完整的專業服務，滿足客戶的需求。不僅如此，在業務員培訓課程的設計上，BSC也發揮了很大的作用。導入BSC以前，培訓業務員是請國外專家依據需求給予指導；導入BSC後，根據公司策略進行規畫和討論，例如：2005年與2006年強調有效客戶經營的概念，公司隨即指導業務員對客戶採取流程管理，協助業務員把公司資源傾注在長期有效的客戶身上。

　　對員工來說，導入BSC後，最大的效益在於對公司的策略方向有更深入的了解，也進一步理解自己的日常工作與公司策略的連結關係；對管理階層及組織綜效面來說，因為導入了BSC，使其管理效能大大提升。高階主管運用BSC及策略地圖，易於進行管理並有效聚焦於公司的策略性議題及目標，引導公司建立策略性行動方案及各項管理制度。總之，公隆化學的管理者及員工都深深的感受到，BSC使全員都聚焦於公司的策略方向上，促進公司使命、願景、價值觀及策略具體且有效的執行，因而每個人都將BSC內化為自身的DNA。

第9章 汽車銷售業實施平衡計分卡案例：匯豐汽車

一、匯豐汽車背景說明

　　匯豐汽車成立於1975年，迄今位居臺灣汽車經銷商的龍頭，也是第一家銷售突破百萬輛的汽車經銷公司，所經銷的車種包括商用車、休旅車、轎車等三大類。匯豐汽車的主要業務分為汽車銷售、保養與貸款三大部分，目前於全省有六十六個直營營業所、八十五個直營保養廠、十六家專業鈑噴中心，為全臺最大直營汽車經銷商，提供一致的專業服務。匯豐汽車組織架構如圖9-1所示。

二、匯豐汽車實施 BSC 的主要動機

　　匯豐汽車推行BSC的動機可歸納為以下兩點：

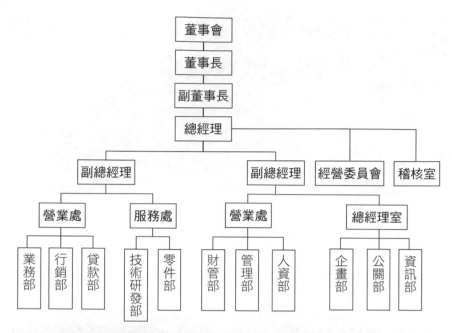

圖9-1　匯豐汽車組織架構圖
出處：匯豐汽車提供。

（一）強化內部溝通

匯豐汽車總經理發現內部管理有所疏失，例如主管的公文量過多、員工不理解主管的想法、各部門有嚴重的本位主義等情況，棘手而難解。

（二）加強策略傳承

近年來，中國汽車市場快速成長，成為匯豐汽車重要的市場。但是許多優秀的員工陸續退休，在新舊世代交替的時點下，如何讓接任人員

能以最短時間了解並累積前人的知識及經驗，實為匯豐汽車當務之急。

　　2001年，匯豐汽車當時的李榮華總經理在政大企家班課堂中獲知BSC的概念後，決定實施BSC，進行內部策略管理系統、溝通系統及績效評估系統的整合與變革。希望藉由推行BSC，促進內部溝通，讓員工無須摸索臆測便能理解主管的想法。另一方面，高階主管也能透過BSC加強策略及經營經驗的傳承與溝通，讓後續接班人能掌握前人的策略思維與做法，。

三、BSC 的專案團隊及實施過程

（一）BSC實施範圍、執行團隊與運作方式

　　由於匯豐汽車BSC專案範圍涵蓋甚廣，推行之初即預料各部門會引發相當程度的反彈，因此專案團隊成員的選擇以及運作方式就顯得非常重要。

　　為了深化BSC的推動與永續運作，匯豐汽車在導入BSC的過程中特別成立專案團隊，主要成員包括專案召集人、副召集人、負責人、種子成員、專案推動小組及外部顧問。其中專案正、副召集人由匯豐汽車總經理與副總擔任，負責引導專案進行的大方向，提供專案團隊必要的支持，以及在組織中持續宣示專案推行的決心。表9-1為匯豐汽車BSC專案組織的成員與責任說明。

表9-1　BSC專案團隊成員及其責任表：以匯豐汽車為例

BSC專案團隊成員			責任
正、副召集人	總經理	1人	1.專案的領導者 2.承諾專案團隊所需資源 3.持續對專案提供支援及熱忱
	營業副總 管理副總	2人	
負責人	各部門主管	14人	1.負責達成各部門的策略目標 2.專案進度的規畫與控管 3.與專案推動小組密切合作
種子成員	各部門種子 成員	20人	1.各部門與專案推動小組的溝通窗口 2.負責各部門策略地圖、SPI等的擬訂
專案推動小組	總經理室的 種子成員	4人	1.以BSC方法論推行專案 2.合作會議、計畫、追蹤及報導專案成果 3.提供高階管理階層相關回饋資訊
指導顧問	將學術研究 落實在實務 運用的指導 顧問	1人	1.建立專案知識、技術的內涵 2.引導BSC各步驟的架構、內容方向 3.排解專案疑難 4.確認專案的成效及影響

出處：匯豐汽車提供。

　　BSC的負責人包含各部門的主管，主要負責達成各部門的策略性目標、規畫與控管專案進度，並與專案推動小組密切合作。種子成員為各部門與專案推動小組之間的溝通窗口，專責各部門策略地圖、SPI等的擬訂。專案推動小組負責BSC專案團隊決策的實際執行與運作。指導顧問在匯豐汽車導入BSC專案期間，無償提供BSC理論與觀念架構的基礎，並針對專案實施所面臨的問題提出建議。圖9-2為匯豐汽車BSC推動組織示意圖，表9-2為匯豐汽車BSC專案成員角色說明。

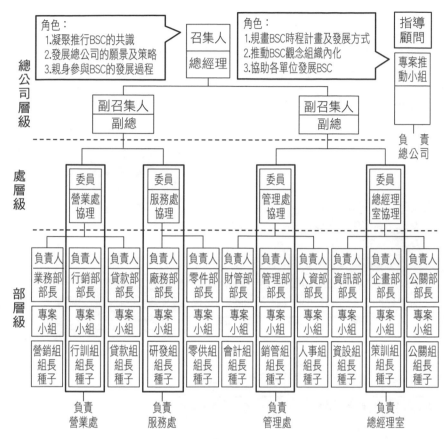

圖9-2　BSC推動組織示意圖：以匯豐汽車為例

出處：匯豐汽車提供。

（二）專案推動時程及內容

2001年，當時的李榮華總經理習得BSC的概念後，認為BSC的完整架構可以協助高階管理人員解決許多管理問題，於是積極將此概念引進公司，2002年正式在公司內部展開BSC的導入工作。匯豐汽車BSC的詳細推動時程及內容如表9-3所示。

表9-2　BSC推動成員的角色說明表：以匯豐汽車為例

角色	階段的職責	
	設計階段	執行階段
1. 召集人、副召集人	凝聚推行BSC的共識、發展總公司的願景及策略、在BSC的發展過程提供關鍵性的意見。	檢視公司策略執行的落實度，並引導公司成員執行、檢討與修正策略執行的方式。
2. 專案推動小組	規畫BSC時程計畫及發展方式、推動BSC觀念組織內化、協助各單位發展BSC。	分析策略績效變化、追蹤策略性專案進度、進行異常警訊的分析與管理，以及提出策略修正的建議。
3. 委員、負責人	負責該單位BSC內容的設計	對策略性績效指標負責並執行策略性行動方案
4. 專案小組	負責各單位BSC設計階段與執行階段所需資料的蒐集及分析	
5. 指導顧問	建立專案知識、技術的內涵，同時引導BSC導入的各步驟架構與內容方向；排解專案疑難。	定期參與執行成效報告會議，確認專案的效益及影響。

出處：匯豐汽車提供。

表9-3　BSC專案推動時程及內容表：以匯豐汽車為例

推動階段	時間	推動內容
階段一	2001/1~2002/12	總經理於政大習得BSC觀念，並積極將該觀念引進匯豐汽車。
		總公司策略釐清：運用五力分析、SWOT分析及腦力激盪會議等策略形成工具，來釐清總公司的策略。
		總公司策略地圖設計完成：在總公司策略釐清後，先發展總公司策略地圖，再逐步發展部級策略地圖。
階段二	2003/1~2003/12	處部級策略地圖設計完成
		總公司暨處部計分卡完成並連結績效評估與預算制度：先後決定處部關鍵衡量指標（SPI）、目標值、策略性行動方案與預算等。
		修正2004年總公司與處部級的BSC

階段三	2004/1~ 2005/12	連結BSC機制與績效評估制度、上線，並將計分卡向下延展。
		連結BSC的績效評估與獎酬制度
階段四	2006/1	推動部門活化專案（詳見本書第五章）

出處：匯豐汽車提供。

（三）推動專案所投入的人力資源

匯豐汽車在導入BSC過程中，投入許多人力資源發展BSC的策略地圖及相關內容，詳細說明如表9-4所示。

表9-4　BSC專案投入的人力資源表：以匯豐汽車為例

推動階段	發展過程	投入的人力資源
階段一	總公司主管BSC教育訓練、總公司策略地圖形成	總公司部級以上主管， 每人每月投入15個小時以上。
階段二	發展各處部策略地圖、衡量指標、策略性行動方案及預算	總公司組級以上主管及組員， 每人每月投入30個小時以上。
階段三	落實BSC策略績效控管與追蹤，及將績效評估與獎酬制度結合。	總公司組級以上主管及組員， 每人每月投入30個小時以上。
階段四	推動部門活化專案	總公司組級以上主管及組員， 每人每月投入30個小時以上。

出處：匯豐汽車提供。

四、BSC 具體內容及運用

在實施BSC之前，必須從事「策略形成系統」工作，因而得先討論策略形成系統，再討論BSC的展開。

（一）策略形成系統

擬訂公司策略之前，經由高階、部門主管以及內部員工數度召開會議，進行溝通與討論，集思廣益，最後確認了匯豐汽車的使命與願景：

1. 使命：成為顧客、員工、股東心目中最有價值的公司

匯豐汽車的存在必須顧客優先、員工其次，最後則是為股東創造最大的價值。

2. 願景：寶島永續稱雄，神州再造第一登峰造極

(1) 臺灣為匯豐汽車的根，在百萬台的汽車經銷商銷售紀錄上，匯豐汽車持續追求領導者的地位。

(2) 大陸市場為匯豐汽車未來關注的市場，希望善用臺灣成功經驗與經營實力，開創神州第一的榮耀。

接下來，匯豐汽車以SWOT計分卡的策略分析架構，針對總體競爭環境以及目標客戶需求進行分析，歸結出匯豐汽車的策略具體內容，表9-5為SWOT計分卡顧客構面的維修服務分析內容。另一方面，匯豐汽車在發展BSC之始，即以所有購車及維修車輛的顧客為核心進行深入分析討論，以釐清顧客對於汽車經銷商及維修廠的服務期待，也就是「顧客價值主張」。

表9-6為匯豐汽車根據三個主要服務項目所進行的顧客價值主張分析內容。

表9-5　SWOT計分卡顧客構面的維修服務分析表：以匯豐汽車為例

SWOT計分卡：顧客構面分析	
高品質的維修服務，不必擔心無法修妥。	便宜又有保障的維修服務
優勢	1.顧客對維修品質尚未達到百分百滿意，但匯豐汽車整體維修技術力及滿意度較競爭對手高。 2.保修體系管理制度辦法齊備，地方執行力高。 3.有豐沛的維修及主管人才 4.有充足的企畫人才	1.原廠維修技術及口碑 2.管理制度齊備 3.廣宣資源多 4.零件採購議價能力強
劣勢	高價車系維修力較弱	1.坊間保修廠經營成本低 2.收費較有彈性 3.區域深耕經營
機會	CRM資訊技術成熟	尚無具經營成效的連鎖品牌
威脅	市場競爭激烈，造成新車銷售減少，影響進廠保修台數的成長。	維修連鎖加盟體系紛紛進入保修市場
策略方向的形成	善加運用原廠維修技術優勢，提供顧客一次修妥的服務，進而提升其忠誠度，減少顧客因不滿原廠維修品質不佳而轉向其他競爭者。	以匯豐汽車的公司形象、原廠技術訓練、廠務管理關鍵知識／技術、整合行銷資源、零件議價能力等，建立可信賴的保修連鎖加盟品牌，吸引坊間保養廠加盟，達到匯豐、加盟店、顧客三贏的局面。

出處：匯豐汽車提供。

匯豐汽車的策略主軸

　　透過SWOT計分卡及顧客價值主張的深入討論及分析後，匯豐汽車形成以下四項策略主軸：

(1) 以人的銷售及服務做為業務發展的核心。

表9-6 顧客價值主張分析表：以匯豐汽車為例

顧客價值主張	1. 新車銷售客戶	2. 保修服務顧客	3. 車貸客戶
商品／服務價格	1. 親切的服務態度 2. 單一窗口就能解決顧客所有的問題及需求 3. 服務人員要有誠信並確實履行承諾 4. 顧客需求及問題能迅速獲得解答 5. 服務人員主動了解並解決顧客生命週期的問題	1. 高品質的維修服務，不必擔心無法修妥。 2. 能夠如期完修交車 3. 便宜又有保障的維修服務 4. 親切的服務態度 5. 顧客需求及問題能迅速獲得解答	1. 向中古車商買車能夠安心 2. 顧客需求及問題能迅速獲得解答 3. 申貸簡便、撥款快速、繳款便利有彈性
商品／服務品質			
商品／服務速度			
商品／服務特性			
商品／服務選擇			
與服務人員互動關係			

出處：匯豐汽車提供。

(2) 強化客戶關係管理做為市場競爭的優勢。

(3) 勾勒明確發展方向做為事業經營的方針。

(4) 利用臺灣經驗做為開創大陸事業的磐石。

（二）總公司BSC的展開—— BSC導入八大步驟

1. 策略性議題的形成

匯豐汽車的「策略」該公司稱為「策略主軸」，具體內容包括四項，根據這四項內容，形成BSC第一個要素：策略性議題，如圖9-3所示。

由圖9-3可知，各策略性議題的形成受到策略的影響，例如：策略主軸1及2，形成顧客構面的「專人及客製型的服務領導者」策略性議

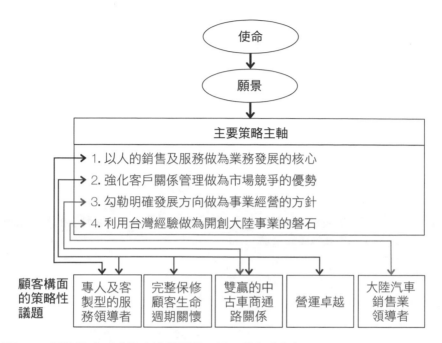

圖9-3 根據策略形成策略性議題圖：以匯豐汽車為例

出處：匯豐汽車提供。

題。而此策略性議題內容是由匯豐汽車內部溝通及討論的結果，凝聚了大家的共識。

接著以顧客構面的策略性議題為主軸，引導出財務、內部程序及學習成長構面的策略性議題（以下內容皆以匯豐汽車「專人及客製型的服務領導者」此策略性議題為例說明），其內容如圖9-4所示。

從圖9-4中可以看到，顧客構面的策略性議題深切影響財務構面的議題、內部程序構面的營運重點選擇，以及學習成長構面的議題。

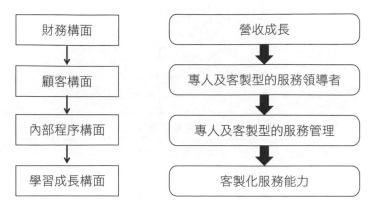

圖9-4　各構面的策略性議題導出圖：以匯豐汽車「專人及客製型的服務領導者」的策略性議題為例

出處：匯豐汽車提供。

2. 策略性目標的形成

　　策略性目標是受策略性議題影響而形成的。BSC導入架構時，指導顧問指出，確定策略性議題之後，即可針對每項議題進行討論，以決定該議題的策略性目標。以「專人及客製型的服務領導者」策略性議題發展出策略性目標的內容，如圖9-5所示。匯豐汽車會對每一項策略目標加以定義，例如學習成長構面的策略目標：「培養新服務商品設計能力」，描述如下：透過招募新人、訓練與留住關鍵員工，來提升組織整體新服務商品設計的能力，以填補技能缺口。

3. 策略地圖的建構

　　形成BSC四大構面的策略性議題及策略性目標後，即可進一步根據策略的因果關係，繪製匯豐汽車的策略地圖。當匯豐汽車總公司的策略性目標發展完成後，發現目標竟達四十多個。基於資源有限，為了能

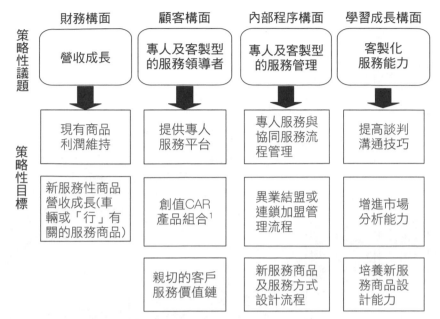

財務構面　顧客構面　內部程序構面　學習成長構面

策略性議題

財務構面	顧客構面	內部程序構面	學習成長構面
營收成長	專人及客製型的服務領導者	專人及客製型的服務管理	客製化服務能力

策略性目標

現有商品利潤維持	提供專人服務平台	專人服務與協同服務流程管理	提高談判溝通技巧
新服務性商品營收成長(車輛或「行」有關的服務商品)	創值CAR產品組合[1]	異業結盟或連鎖加盟管理流程	增進市場分析能力
	親切的客戶服務價值鏈	新服務商品及服務方式設計流程	培養新服務商品設計能力

圖9-5　策略性目標形成圖：以匯豐汽車「專人及客製型的服務領導者」的策略性議題為例

出處：匯豐汽車提供。

重點管理，將策略性目標定義優先次序：以長短期與重要程度做為篩選準則，讓時間有限的高階主管可以分辨管理重點，加強對重要目標的管理追蹤。圖9-6為匯豐汽車結合目標的重要性程度所形成的策略地圖，由此可明確的了解策略性議題及目標在四大構面的因果影響。

4. 策略性診斷——水平與垂直缺口分析

接著，匯豐汽車進行「if-then分析」，用「如果－就會」的語句，來檢驗不同構面的策略性議題及目標間的因果關聯性，以邏輯來驗證策略的假設是否合理。如果策略性議題及目標沒有支撐點，即是有缺口；

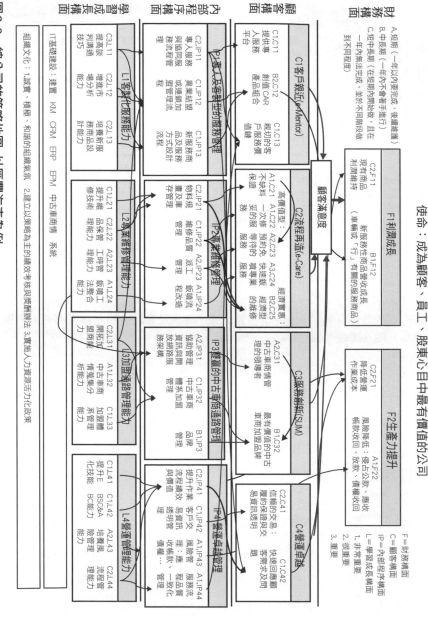

圖 9-6　總公司的策略地圖：以匯豐汽車為例

出處：匯豐汽車提供。

補足缺口的想法，也就是支撐策略性議題及目標，可使策略地圖上的因果關係更為周詳縝密。表9-7與圖9-7分別為水平與垂直分析的結果。

表9-7　策略性現況診斷──水平缺口分析表：以匯豐汽車「專人及客製型的服務領導者」的策略性議題為例

理想性BSC VS.現階段策略執行狀況(水平缺口分析)				
構面	策略性議題		策略性目標	
	理想	現況	理想	現況
財務	營收成長	利潤成長	新服務商品營收成長	目標缺口
			現有商品利潤維持	現有商品利潤維持
顧客	專人及客製型的服務領導者	議題缺口	提供專人服務平台	提供專人服務平台
			創值CAR產品組合	創值CAR產品組合
			親切的客戶服務價值鏈	目標缺口
內部程序	專人及客製型的服務管理	全面性的解決方案服務管理	專人服務與協同服務流程管理	專人服務與協同服務流程管理
			異業結盟或連鎖加盟管理流程	異業結盟或連鎖加盟管理流程
			新服務商品及服務方式設計流程	目標缺口
學習成長	客製化服務能力	議題缺口	提高談判溝通技巧	目標缺口
			增進市場分析能力	目標缺口
			培養新服務商品設計能力	培養新服務商品設計能力

出處：匯豐汽車提供。

5. 策略性衡量指標及目標值的形成

匯豐汽車根據指導顧問建議，採取以下步驟進行衡量指標的蒐集：

(1) 整理公司現行的績效指標系統及表單制度。

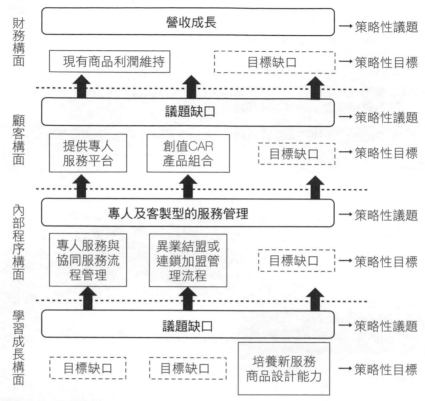

圖9-7　垂直缺口分析圖：以匯豐汽車「專人及客製型的服務領導者」的策略性議題為例

出處：匯豐汽車提供。

(2) 根據策略性目標定義發展策略性衡量指標：包括從產業實務指標資料庫及公司內部腦力激盪會議中訂定出最適當的指標。

(3) 策略性衡量指標評估與選擇。

(4) 建構表單、制度或系統，以利蒐集新的策略性衡量指標。

表9-8為「專人及客製型的服務領導者」衡量指標及目標值。

表9-8 策略性衡量指標及目標值表：以匯豐汽車「專人及客製型的服務領導者」的策略性議題為例

構面	策略性議題	策略性目標	衡量指標	03年實際值	04年目標值
財務	營收成長	新服務商品營收成長	新服務商品營收金額	$$$	$$$
		現有商品利潤維持	稅前純益目標	XXX	XXX
顧客	專人及客製型的服務領導者	提供專人服務平台	SSI客戶滿意度成績	93.9分	95分
		創值CAR產品組合	購買創值產品顧客率	XX%	XX%
			新車銷售量	XXX	XXX
		親切的客戶服務價值鏈	來店成交比率	XX%	XX%
			顧客滿意度	87分	90分
內部程序	專人及客製型的服務管理	專人服務與協同服務流程管理	保有顧客得到責任業代歸屬筆數	XXX筆	XXX筆
		異業結盟或連鎖加盟管理流程	部品銷售據點加盟家數	30家	200家
		新服務商品及服務方式設計流程	流程管理設計進度達成率	—	100%
學習成長	客製化服務能力	提高談判溝通技巧	訓練時數	—	8小時
		增進市場分析能力	訓練時數	—	16小時
		培養新服務商品設計能力	訓練時數	—	16小時

出處：匯豐汽車提供。

　　理論上，衡量指標分成領先及落後指標，因此在發展初期，匯豐汽車的每項策略性目標都設計了兩個以上的衡量指標。但是後來發現，衡量指標的數量超過八十個，造成管理以及蒐集的困難。經過部級以上主管的討論，逐次將每個項目篩選出一個關鍵性衡量指標。指標的選擇方向以是否可明確衡量策略性目標的意涵、是否可數量化、是否可蒐集為原則。2005年，為了能更聚焦，從各構面中挑選兩個重要指標在每週

的經營會議上定期追蹤。

匯豐汽車透過指導顧問所提出的策略性衡量指標準則，進行上述指標篩選，其中有三點原則是匯豐汽車特別重視的，說明如下：

(1) 利用衡量指標的管理意涵描述來檢視指標與目標間的關係。
(2) 檢視指標的可取得程度，評估指標蒐集的成本效益。
(3) 重要性程度，協助篩選重點管理的指標。

表9-9為匯豐汽車根據上述三項原則，而有的策略性衡量指標與目標值來源。

表9-9　策略性衡量指標與目標值資訊來源表：以匯豐汽車為例

構面	策略系統			衡量系統：策略性衡量指標與目標值							
	策略性議題	策略性目標	1.期間／重要程度	衡量指標	公式	2.衡量指標管理意涵	覆核週期	實際值	目標值	資料來源（資訊系統名稱／表單名稱）	3.指標資料可取得程度
財務	營收成長	現有商品利潤維持		稅前純益目標		稅前純益可以直接代表利潤目標是否達成	月				1=完全無此資料，且無法計算或取得該資料。2=目前無此資料，但可計算或取得。3=有資料但需人工計算4=有資料且已自動化5=有資料但為非量化資料

出處：匯豐汽車提供。

6. 策略性行動方案的形成

匯豐汽車實務上延續「if-then」邏輯，發展策略性行動方案架構與步驟，由於各構面間已具備因果關係，因此以一條條if-then來發展行動方案，能夠從學習成長構面、內部程序構面及顧客構面，完整規畫出行動方案。表9-10為從「專人及客製型的服務領導者」的策略性議題、目標至策略性行動方案的連結關係。

根據表9-10可知，BSC四大構面的因果關係連接後，在「專人及客製型的服務領導者」可形成兩項策略性行動方案：「責任業代服務制度推廣與強化專案」及「新服務商品設計開發專案：CRM專案－創值CAR產品組合規畫」。

7. 策略性預算的形成

策略性行動方案形成後，匯豐汽車即針對不同的行動方案編製相關預算，稱為「策略性預算」，如表9-11所示。

從表9-11中可清楚的了解策略性行動方案CRM專案－創值CAR產品組合規畫的預算編制相關部門，如行銷部、企畫部及業務部等的預算項目及內容。

8. 策略性獎酬的形成

當匯豐汽車將BSC與部級及組級主管的績效考評制度公平且客觀的連結後，各主管於BSC中挑選重要的SPI並說明其目標達成率情況，以此做為獎酬發放的標準。

表9-10　策略性議題、目標至行動方案連結表：以匯豐汽車「專人及客製型的服務領導者」的策略性議題為例

構面	策略性議題	策略性目標	策略性衡量指標	04年目標值	策略性行動方案	對應部門
財務	營收成長	新服務商品營收成長	新服務商品營收金額	$$$	—	—
		現有商品利潤維持	稅前純益目標	XXX	—	—
顧客	專人及客製型的服務領導者	提供專人服務平台	SSI客戶滿意度成績	95分	責任業代服務制度推廣與強化專案	行銷部
		創值CAR產品組合	購買創值產品顧客率	XX%	新服務商品設計開發專案：CRM專案-創值CAR產品組合規畫	行銷部
			新車銷售量	XXX	—	—
		親切的客戶服務價值鏈	來店成交比率	XX%	—	業務部
			顧客滿意度	90分	—	廠務部
內部程序	專人及客製型的服務管理	專人服務與協同服務流程管理	保有顧客得到責任業代歸屬筆數	XXX筆	責任業代服務制度推廣與強化專案	行銷部
		異業結盟或連鎖加盟管理流程	部品銷售據點加盟家數	200家	—	零件部
		新服務商品及服務方式設計流程	流程管理設計進度達成率	100%	新服務商品設計開發專案：CRM專案-創值CAR產品組合規畫	行銷部
學習成長	客製化服務能力	提高談判溝通技巧	訓練時數	8小時		相關部門
		增進市場分析能力	訓練時數	16小時	—	相關部門
		培養新服務商品設計能力	訓練時數	16小時	責任業代服務制度推廣與強化專案	相關部門

出處：匯豐汽車提供。

表9-11 跨部門策略性預算費用表（2004年）：以匯豐汽車「創值CAR產品組合規畫」的策略性行動方案為例

專案編號	MC01	跨部門策略性專案名稱	創值CAR產品組合規畫	案：CRM專案 新服務商品設計開發專	跨部門策略性專案負責部門	行銷部	跨部門策略性專案負責人
參與部門	工作項目			投入工時及人事費用預估			
		第一季		第二季			
		人事費用	其他費用	人事費用	其他費用		
行銷部	購車習性、消費行為研究 保險資料分析 貸款資料分析 保修資料分析 …… 小計						
企畫部	創值CAR產品組合初步規畫 …… 小計						
業務部	創值CAR產品組合初步規畫 租賃車市場研究、比較 …… 小計						
專案團隊所有參與部門							$$$

出處：匯豐汽車提供。

（三）策略事業單位（SBU）與總公司的綜效

　　匯豐汽車總公司策略地圖往下展開的方式，是以柯普朗及諾頓所提出的「貢獻法」為基礎。所謂貢獻法，是指目標與衡量指標皆由總公司的BSC轉換而來，但每個SBU所承接的部分不盡相同，各SBU要發展能對總公司策略性目標有所貢獻的目標。圖9-8為匯豐汽車BSC展開的示意圖。

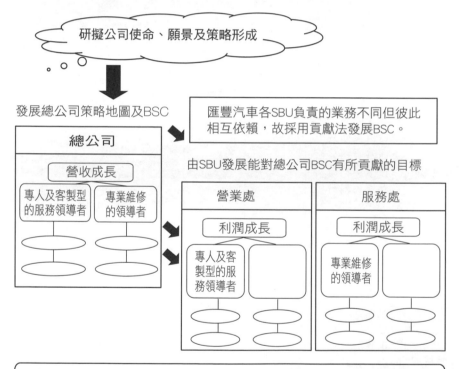

圖9-8　匯豐汽車總公司BSC展開邏輯圖：以營業處與服務處為例

出處：匯豐汽車提供。

匯豐汽車服務處從總公司的策略地圖上，承接了與策略性議題「專業維修的領導者」相關的策略性議題及目標，除承接自總公司的策略性目標外，另加入專屬於該單位獨特且重要的策略性目標。確認策略性目標之間的因果關係後，即形成服務處的策略地圖及BSC內容，如圖9-9及表9-12所示。

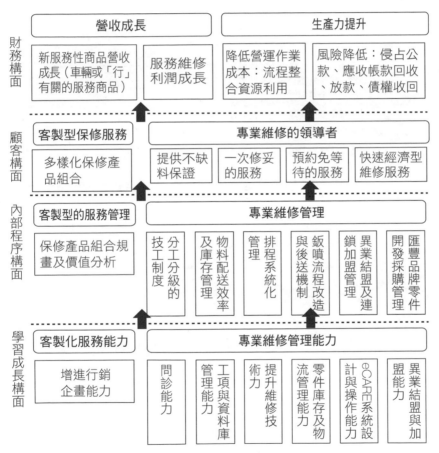

圖9-9　策略地圖：以服務處為例

出處：匯豐汽車提供。

表9-12　BSC內容：以服務處為例

構面	策略性議題	策略性目標	衡量指標	衡量指標公式	03年實際值	04年目標值
財務	營收成長	新服務性商品營收成長（車輛或「行」有關的服務商品）	由服務保修新商品創造的營收	本期所提出的新商品所創造的營收	略	略
		服務維修利潤成長	純益挑戰目標	服務處純益	略	略
	生產力提升	降低營運作業成本：流程整合資源利用	服務處可控制營業費用比率降低	可控制費用比率（總公司營業費用／總營收）	略	略
		風險降低：侵占公款、應收帳款回收、放款、債權收回	降低應收帳款比率	應收帳款／營收（一般／3個月、保險／4個月）	略	略
顧客	客製型保修服務	多樣化保修產品組合	保修產品組合企畫案完成度	實際推出並完成的保修產品組合企畫	-	7件
	專業維修的領導者	提供不缺料保證	顧客滿意度	顧客對不缺料保證的實施滿意度	－	90分
		一次修妥的服務	CSI客戶滿意度調查成績	CSI客戶滿意度調查成績	85.9分	90分
		預約免等待的服務	預約客戶比率	預約車數/進廠台數	4%	4%
		快速經濟型維修服務	外廠及三年以上客戶增加數	三年以上車台次	略	略
以下略						

出處：匯豐汽車提供。

（四）共享服務單位（SSU）與總公司及SBU的綜效

透過BSC架構，將SSU的目標與總公司及SBU的策略方向連結，能有效的協助公司明確界定SSU的責任與服務價值，以促成績效與營運效率的提升，並進一步協助總公司及SBU達成策略性目標。匯豐汽車依指導顧問所提出的SSU的BSC建立流程，展開SSU的BSC推動工

作，該內容的說明請參閱第五章匯豐汽車SSU釋例。

五、專案執行遭遇的困難與解決之道

（一）專案執行之初面臨不同層面的困難

1. 人員層面：首先是推動變革的領導者還不清楚BSC的運作模式，對於執行細節不明確，加上內部員工對於變革抱持消極態度，讓專案推動初期面臨不小的挑戰。

2. 技術層面：SPI的制訂是BSC執行上重要的環節之一，但要制訂出適宜的SPI並不如想像中容易，特別是領先指標的設定，著實苦惱。此外，還面臨事事都想訂指標來管理，造成指標太多、管理成本過高的困境。

3. 組織層面：導入BSC很大的重點是將員工績效與獎酬掛勾，辨認出績效好與壞的差異。然而，BSC推動初期無法貿然將獎酬與BSC執行結果連結，此亦是推行中的阻力之一。

（二）困難的解決之道

1. 人員層面：由領導者發起內部讀書會，「部級」以上幹部全員參與，透過一次次的讀書會與分享，建立幹部對BSC理論的認知，進而理解變革的必要性。

2. 技術層面：將例行性的工作項目畫分出來，只需針對策略性目標制訂SPI，各部門間的SPI數量要相當，考核才會公平。

3. 組織層面：與獎酬結合是早晚的事，應該讓員工徹底了解領導者

義無反顧的決心。

（三）專案執行的經驗與分享

　　策略是未來要走的路，擬訂了就要堅持到底，SPI錯了可以修改，但策略方向不能變。組織改革一定會有陣痛期，請務必貫徹始終，有老師或顧問輔導，雖然無法讓陣痛期完全消失，但卻能短少一點。匯豐汽車當時的領導者因有破釜沉舟的決心，變革才能獲致大成功及大勝利，享受甜美果實。

六、BSC 對經營績效的影響

（一）推行BSC對經營績效的影響

　　從策略性議題、策略性目標至策略性衡量指標所發展出來的策略性行動方案，確實替匯豐汽車在財務及顧客方面帶來顯著的改善與成長。匯豐汽車幾個重要的策略性專案也有良好的執行成果，如表9-13所述。

　　茲就財務構面、顧客構面、內部程序構面、學習成長構面及服務協議內部計價等五大方向，詳細說明匯豐汽車BSC實施的績效影響。

1. 財務構面

　　總公司財務構面的策略性目標之一為「風險降低：侵占公款、應收帳款收回、放款、債權收回」，因此公司貸款部承接總公司財務構面的策略性目標，其衡量指標為「管理淨呆率」，包括新車貸款及中古車貸款兩大部分。

表9-13　策略性專案執行效益表：以匯豐汽車為例

策略性專案	執行效益
E化投抵專案	節稅XXXX萬元
聚來增減資案	節稅XXXX萬元
匯聯寶隆合併案	節稅XXXX萬元
CRM專案	建立完整的顧客資料及屬性，縮短成交時間及進行差異化行銷。
中古車服務價值鏈專案	增加中古車貸款及維修營收利潤
一次修妥專案	增加顧客滿意度及回廠率
鈑噴系統排程專案	提升維修品質、回修率降低、顧客等待時間縮短
財會系統專案	結帳時間縮短
人力資源系統專案	大陸人資作業可用同系統操作，節省管理成本。
業代招募徵選系統專案	縮短人員訓練期間，降低員工流動率。

出處：匯豐汽車提供。

　　由圖9-10新車貸款管理淨呆率趨勢圖可看出，公司在導入BSC後新車貸款管理淨呆率呈下降的趨勢，2003年為2.53%，2004年降至0.40%，2005年降至0.01%，2006年則因臺灣面臨信用卡及現金卡雙卡風暴，導致2006年的新車貸款管理淨呆率上升為0.83%。若排除這項市場面因素，可以看出匯豐導入BSC之後，整體新車貸款管理淨呆率趨於下降。

　　由圖9-11中古車貸款管理淨呆率趨勢圖可看出，公司在導入BSC後，中古車貸款管理淨呆率逐年下降，2003年為6.46%，2004年降至5.20%，2005年降至1.82%，2006年受到信用卡及現金卡雙卡風暴影響，導致2006年的新車貸款管理淨呆率上升為4.03%。若排除這項市場面因素，可看出匯豐汽車導入BSC之後，整體中古車貸款管理淨呆率呈下降趨勢。

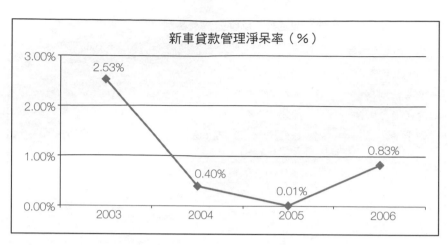

圖9-10　新車貸款管理淨呆率趨勢圖：以匯豐汽車為例

出處：匯豐汽車提供。

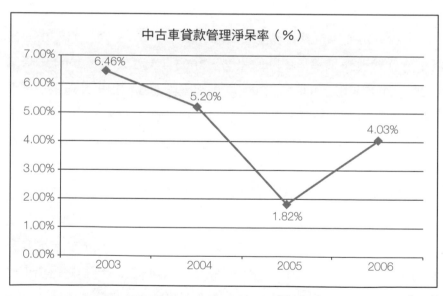

圖9-11　中古車貸款管理淨呆率趨勢圖：以匯豐汽車為例

出處：匯豐汽車提供。

匯豐汽車導入BSC時，從中找出中古車買賣的新營運模式，於2005年將中古買賣、汽車保修和汽車美容事業整合為SUM尚盟汽車服務事業，目前SUM聯盟已成立十三年，建立臺灣中古車市場的車況透明化交易，提供車輛保證、保固及保障消費者權益。目前為臺灣第一大中古車加盟品牌，有四百家中古車商加盟，近一百八十家保修加盟店。SUM聯盟為匯豐集團貢獻達51.15億的中古車貸款業績。

2. 顧客構面

總公司顧客構面的策略性目標分別為「提供專人服務平台」、「不缺料保證」、「一次修妥的服務」，因此其對應部門的策略性目標分別為「責任業代服務」、「不缺料保證」、「提供一次修妥的服務」，其衡量指標分別為「ACNielsen新車銷售顧客滿意度」、「SSI（sales satisfaction index) 客戶滿意度成績」及「CSI（customer satisfaction index）客戶滿意度調查成績」。

策略性目標為「專人服務平台」，當中一個顧客滿意度指標為「新車銷售面滿意度調查（ACNielsen分數）」。由圖9-12新車銷售面滿意度調查（ACNielsen分數）成長趨勢圖可看出，公司導入BSC後，其新車銷售面滿意度調查從2004年上半年的815分，上升至2004年下半年的850分、2005年上半年的862分、2005年下半年的869分、2006年上半年的887分、2006年下半年的923分，一路成長，導入BSC後，確實有助於提升公司的「專人及客製型服務」。

而由圖9-13 SSI客戶滿意度成績趨勢圖可看出，公司導入BSC之後，SSI客戶滿意度成績從2002年的92.7分，提升至2003年的93.9分、2004年的95.1分、2005年的96.2分、2006年的96.93分，可看出

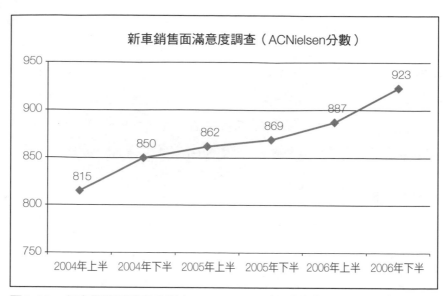

圖9-12 新車銷售面滿意度調查(ACNielsen 分數)成長趨勢圖：以匯豐汽車為例
出處：匯豐汽車提供。

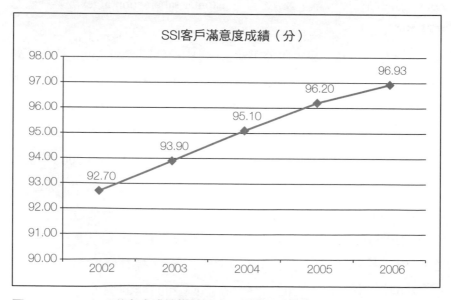

圖9-13 SSI 客戶滿意度成績趨勢圖：以匯豐汽車為例
出處：匯豐汽車提供。

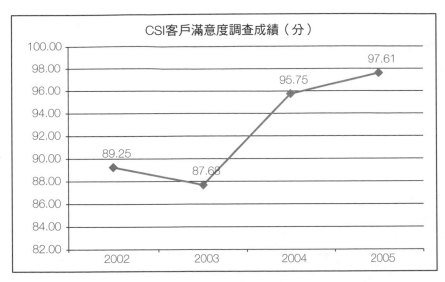

圖9-14　CSI客戶滿意度調查成績趨勢圖：以匯豐汽車為例

出處：匯豐汽車提供。

SSI客戶滿意度成績的成長趨勢。

又由圖9-14 CSI客戶滿意度調查成績趨勢可看出，公司導入BSC之後，CSI客戶滿意度調查成績從2002年的89.25分、2003年的87.68分、2004年的95.75分到2005年的97.61分，可看出CSI客戶滿意度調查成績也呈成長趨勢。

3. 內部程序構面

總公司內部程序構面的策略性目標為「風險管理：應收帳款、債權⋯⋯」，因此其對應部門貸款部的策略性目標為「風險警訊機制：逾放、債權確保、提前清償損失」，其衡量指標分別為「新車貸款逾放率」及「中古車貸款逾放率」。

由圖9-15新車貸款逾放率趨勢圖可看出，公司導入BSC之後，新車貸款逾放率從2003年的4.3%、下降至2004年的0.66%、2005年的0.51%、2006年的0.45%，可看出新車貸款逾放率有縮減的趨勢。

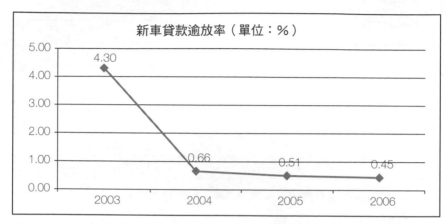

圖9-15　新車貸款逾放率趨勢圖：以匯豐汽車為例
出處：匯豐汽車提供。

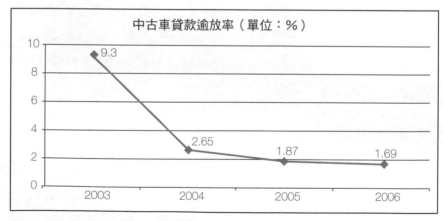

圖9-16　中古車貸款逾放率趨勢圖：以匯豐汽車為例
出處：匯豐汽車提供。

由圖9-16中古車貸款逾放率趨勢圖可看出，公司導入BSC之後，中古車貸款逾放率從2003年的9.3%、大幅下降至2004年的2.65%、2005年的1.87%、2006年的1.69%，中古車貸款逾放率有縮減的趨勢。

由上述資料顯示貸款部對風險警訊機制有良好的功效，以至於公司整體的新車貸款逾放率及中古車貸款逾放率有縮減的趨勢，風險大幅降低，因而造成公司利潤年年提高。

經過不斷思考流程改善，匯豐汽車至今已完成一百九十七項流程改善，預估每年可節省86.44萬元成本。

4. 學習成長構面

匯豐汽車年度訓練計畫符合BSC的思維，成為策略性的HRM，因而入圍2014年第九屆國家人力創新獎，深受各界肯定。

5. 服務協議內部計價

匯豐汽車透過BSC整合SBU的需求及SSU的供給，並透過簽立服務協議內部計價機制，呈現SSU單位的服務價值。服務協議的金額從2006年的34,905,491元至2014年的361,380,283元，成長率為935%，效益非常大，使得匯豐汽車的SSU成為臺灣企業SSU的標竿楷模。如圖9-17所示。

（二）推行BSC對組織及員工行為的影響

1. 員工行為的效益

BSC實施兩年之後，於2004年3月對員工的BSC認知態度進行調

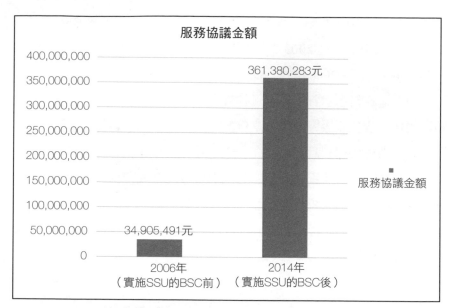

圖9-17　服務協議金額的成長圖：以匯豐汽車為例
出處：匯豐汽車提供。

查，發現對於BSC的兩大要務——「聚焦」及「執行」，已逐漸顯現成果及共識。2006年舉辦BSC願景說明會電影院，由總經理親自主持說明，讓全體員工全面了解BSC四大構面及公司未來的策略目標，全員聚焦達成BSC共識，主管及員工普遍認為下列五點為BSC導入後對員工行為的效益：

(1) 有助於了解公司的願景及策略。

(2) 有助於對策略產生共識。

(3) 能從定期檢討中，改善後續行動方案。

(4) 有效落實公司策略，提升執行力。

表9-14　BSC對員工行為的效益表：以匯豐汽車為例

對象	BSC的效益說明
對主管的效益	• 由於BSC在匯豐汽車全面展開，因此各個部門／處／組都能在明確的策略性議題及目標引導下，訂定並執行多項策略性行動方案。 • 各部門經由策略地圖及BSC的指引，對於策略執行的重點及方向皆能清楚掌握，不需再處處請示，因此高階主管的公文量下降，花在處理一般營運性事務上的時間減少許多，也讓他們有更多的時間可以進行策略思考。
對部屬的效益	• 透過策略地圖及BSC讓員工對公司的發展方向及重點有一定程度的認知，所以員工願意有方向的積極投入，也會主動發想對執行策略有利的專案。 • BSC著重財務及非財務議題的精神，進而促成員工學習風氣漸盛，以取得相關職能認證為榮。

出處：匯豐汽車提供。

(5) 使個人目標與公司策略性目標結合成一體。

表9-14是分別從主管及部屬的角色來分析BSC導入所帶來的效益。

2. 組織效益

除了對員工行為顯現正面效益外，BSC對匯豐汽車組織內部運作的文化也產生顯著的影響，不僅建立完整的管理機制，還可以根據公司的策略重心重新配置單位資源，甚至透過策略地圖解決不同SBU爭取同一顧客時衍生的服務衝突。每年年度計畫的擬訂、策略的形成與檢視及目標制訂等工作，也在導入BSC之後，產生了明顯的效益，茲以表9-15說明。

表9-15　BSC導入前後對組織內部營運行為的影響表：以匯豐汽車為例

	BSC導入前	BSC導入後
年度計畫擬訂	公司的策略無法有效的在組織內部傳達，單位主管各自依自己的想法規畫年度專案： ・偏離公司策略方向，部門本位主義的思考模式，容易使公司的資源未用在刀口上，造成資源浪費或是重複投入。	各單位依策略地圖規畫年度專案： ・所有專案都可以支持總公司策略性目標的達成 ・藉由策略地圖了解各部門的策略性目標，彼此互相支援，創造資源綜效。
策略形成	形成的策略著重在提升短期財務績效： ・忽略如何強化公司長期的競爭力	策略的形成會從財務、顧客、內部程序及學習成長四構面來分析： ・兼顧短期財務績效及長期競爭力的提升
目標制訂	制訂的目標以財務性指標為主： ・只看短期結果，而忽略如何提升顧客關係、建立創新流程及培養核心能力。	依據四大構面的策略性目標的衡量指標來制訂目標： ・同時重視如何達成結果的過程，因此各單位訂定並執行多項提升顧客關係及創新內部程序的專案。
策略傳承	缺乏完整的經營思維及策略形成原由的資訊： ・不僅策略的落實會有問題，連帶也限制了組織未來布局的速度及品質。	使命、願景、策略地圖、計分卡形成完整的管理邏輯： ・利用BSC的策略形成、衡量、溝通與管理機制，以確保策略的落實，有效提升經營效率，並提供消費者差異化的服務。

出處：匯豐汽車提供。

　　由上述分別從經營績效及組織、人員的角度看，可以發現匯豐汽車在BSC的運作下，已經成為各部門及員工協調合作時的共通語言，也成為高階管理者有效管理與決策的準則，減少了大多數企業經常面臨的

部門本位主義過重、經營缺乏效率的困境。同時，從匯豐汽車策略性專案的表現可以看出，透過BSC的架構，的確有效指引公司優先將資源投入在與達成策略相關的活動、作業甚至行動方案上。

　　近年，臺灣長期處於經濟不景氣，不少汽車產業呈現虧損，匯豐汽車卻年年盈利，BSC的推動功不可沒，由此更顯示出當時領導人的睿智及決心。

註解：

1：創值CAR：發行會員卡，客戶的各種消費可以積分回饋的行銷活動，旨在培養忠誠客戶(增加客戶的黏著性)。

第**10**章 測試設備廠實施平衡計分卡案例：德律科技

一、德律科技背景說明

德律科技成立於1989年 4 月10日，是一家自行研發、生產、行銷於資訊電子業與半導體產業的自動測試設備專業廠商，產品包含：組裝電路板檢測設備、影像光學檢測設備、半導體測試設備，以自有品牌「TRI innovation」行銷於國內外市場，是亞洲自動測試設備的一大品牌，現為上市公司。圖10-1為德律科技的組織架構圖。

二、德律科技實施 BSC 的背景及目的

（一）BSC導入背景

1. 2000年，公司員工超過一百人，為了完善績效衡量及評估制度，建立公正合理的獎酬制度，進而研擬導入BSC。

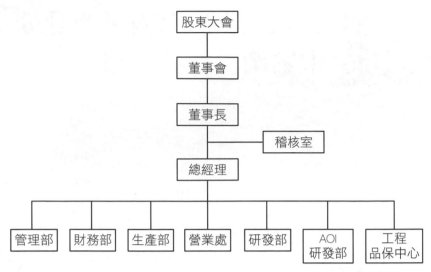

圖10-1　德律科技組織架構圖

出處：德律科技提供。

2. 陳玠源董事長參加過BSC研討會，了解BSC在國外已是實務界廣泛運用的管理制度，因此決定引進。

（二）導入BSC的目的

1. 有效的兼顧長短期的經營策略規畫與執行

德律科技董事長表示，過去每年或是每季針對營運所做的計畫似乎只能思考未來半年的經營目標，缺乏有效的長期策略發展及預先管理，因而希望透過BSC兼顧短中長期目標的平衡特性。除了確保公司的長期競爭力，亦可讓員工深入的了解組織未來的發展方向。

2. 建立公正合理的績效獎酬制度

德律科技是一家年輕的公司，近年來業務不斷擴展，員工數及部門分工日趨複雜，績效獎酬制度遂成為重要的管理議題。但如何建構一個公平的績效獎酬制度，對公司來說是一大挑戰，期盼透過BSC的機制，有效解決此一問題。

三、BSC 的參與人員及實施過程

（一）執行團隊與運作方式

德律科技的BSC專案團隊，除了指導顧問參與協助推動外，公司董事長及重要高階管理人員皆投入BSC導入工作。表10-1是德律科技BSC專案團隊成員及其責任。

表10-1　BSC專案團隊成員及其責任表：以德律科技為例

BSC專案團隊成員		責任
最高決策領導者	董事長及總經理	1. 策略領導與決策 2. 持續支持專案推行 3. 承諾專案所需資訊、協助排除障礙
高階經營團隊	部門主管	1. 建立策略流程 2. 協助策略分析 3. 追蹤策略行動後續執行狀況 4. 提供專案團隊相關背景資料
BSC執行團隊	個案公司種子成員	1. 專案整體設計規畫與執行專案任務 2. BSC策略績效資訊的溝通、分析與回饋 3. BSC教育訓練與觀念溝通
指導顧問	將學術研究落實在實務運用的指導顧問	1. 建立專案知識、技術的內涵 2. 引導BSC各步驟的架構及內容方向 3. 排解專案疑難及問題 4. 確認專案的成效及影響

出處：德律科技提供。

（二）專案推動時程

德律科技自2003年2月開始在組織內部推動BSC，歷經導入前評估階段、設計階段、執行階段以及設計績效獎酬辦法階段，如表10-2。

表10-2　BSC專案推動階段表：以德律科技為例

推動階段	時間	內容
第一階段：導入前評估	2003/2	專案評估與規畫 • 主管讀書會 • 專題演講 • 釐清總公司的使命、願景及價值觀 • 初步了解總公司的策略 • 專案規畫（包括時程及步驟）
第二階段：設計階段	2003/4	設計策略地圖與BSC • 釐清組織架構與部門職掌 • 展開策略性議題、目標、指標、行動方案 • 釐清總公司與部門績效衡量的連結關係 • 完成主管績效管理與發展計畫
第三階段：執行階段	2003/7	調整策略地圖與BSC • 公司專案小組投入，進行總公司與各部門策略地圖的調整。
第四階段：設計績效獎酬辦法階段	2004/4	落實執行與持續精進 • 每季BSC檢討會議：子公司、產品線及總公司各部門的經營情況檢討 • 於董事會中報告 • 每半年管審會檢視及修正目標 • 每年召開策略規畫會議 • BSC達成情形與獎酬連結

出處：德律科技提供。

（三）實施範圍

德律科技BSC的推動範圍如下：

1. 包括總公司及中國大陸子公司。
2. 部級：包括研發、製造、品保、營業及工程部。
3. 支援性部門：包括運籌服務、財務、資訊及人力資源部。

四、BSC 的內容及運用

（一）策略形成系統

為了凝聚主管對公司未來整體方向的共識，德律科技以董事長為首，數度召開主管討論會議，確認德律科技的使命、願景以及所抱持的顧客價值主張，此步驟為協助公司建立組織使命、願景和策略的共識。至於願景和策略必須用一套整合性的目標和衡量指標表達，敘述邁向成功的動因，且經所有高階主管同意，讓人員可以據此使命、願景和策略採取正確的行動。德律科技的使命、願景、價值觀敘述如下：

1. **使命：研發先進檢測科技、提升產品品質、優化人類生活**
2. **願景：成為全球自動檢測設備的知名品牌**
3. **價值觀：團隊、速度、創新、誠信、服務**

接下來，德律科技透過SWOT 計分卡的討論分析，歸結出以下關於策略的定位與描述，如表10-3。

表 10-3　SWOT 計分卡分析表：以德律科技為例

構面	優勢（S）	劣勢（W）	機會（O）	威脅（T）
財務	1.財務結構健全 2.為上市公司，募集資金容易，成本較低。	1.帳款收現期間逐漸變長（大客戶議價能力強） 2.應建立風險管理機制（如專利）	1.大中華區以外的市場僅占營收10%左右，可拓展海外市場。 2.臺灣高科技產品具有免稅誘因。 3.獲利穩定，提供研發長期發展的基礎。	1.主要競爭者的財務實力較佳(如資本額、現金及約當現金)
顧客	1.提供迅速且全方位顧客服務 2.完整的檢測設備產品線，迅速滿足顧客對產品的功能要求。 3.相對國際大廠，產品具價格競爭力。 4.在大中華地區，擁有廣大且良好的長期顧客關係及品牌形象。	1.相對於國際大廠，海外市場的品牌形象較弱。 2.除臺灣與大陸外，產品市場占有率較低。	1.檢測設備應用範圍廣，商機大。 2.大中華地區檢測設備成長機會大。 3.半導體產業前景備受看好，檢測設備需求強。 4.產品多元發展，需要更多檢測設備。 5.影像光學檢測設備(AOI)尚有成長空間	1.國際大廠品牌知名度較高 2.中國大陸新廠商以低價產品滲入市場 3.表面黏著技術(SMT)設備強調檢測整合，威脅單機檢測設備的市場。 4.全球景氣變化大，設備的資本投資不確定。
內部程序	1.接近顧客的服務團隊 2.高度彈性及機動性的研發團隊 3.研發在臺灣，對大陸具有接近客戶的地利與人和優勢。 4.聚焦於測試設備 5.產品持續改善能力	1.產品品管尚待加強 2.創新研發無法準時完成	1.經由專案管理推動與國外接軌	1.外國大廠挾其擁有的智慧財產權進行競爭 2.國外高階技術發展快速 3.若國外廠商降低售價，提供更完善的顧客服務，將產生一定程度的威脅。
學習成長	1.員工平均素質高，敬業精神佳。 2.以顧客服務為導向 3.管理階層具有高度學習熱忱與魄力 4.具有團隊、誠信、務實的企業文化	1.組織內各部門間溝通有待加強 2.尚未建立與策略連結且完整的績效考核／獎金制度 3.研發能力仍有成長空間 4.缺乏知識庫系統	1.與外部產學合作，進行技術交流，深化核心技術。	

出處：德律科技提供。

德律科技的策略主軸

透過董事長帶領高階主管共同對SWOT計分卡進行設計分析後，德律產生三項策略，如下所示：

(1) 加強市場預測與研發能力，以提升產品上市的速度。
(2) 以高度彈性的客戶服務團隊（營業、研發、客服工程師〔FAE〕），提供差異化的客戶服務。
(3) 提升產品品質及品牌知名度，布局全球，以增加大中華區以外的產品營收。

對自動設備測試廠商而言，能否針對客戶的需求研發出具成本效益、高效能的測試設備以及完善的售後服務，是營運上最大的挑戰。表10-4為德律科技分析的產業顧客價值主張及自我評比表，評比結果對德律科技的未來策略發展重點有正面影響。

表10-4　顧客價值主張表：以德律科技為例

顧客重視的產品屬性	自我評比
價格	優
產品操控性	優
售後服務	優
產品功能	佳
產品品質	佳

出處：德律科技提供。

（二）總公司BSC的展開——BSC導入八大步驟

1. 策略性議題的形成

在德律科技的BSC會議中，專案小組根據指導顧問建議，將德律科技相關策略分析結果形成策略性邏輯，再由這些主要策略思考形成顧客構面的策略性議題。德律科技的「策略主軸」具體內容包括三項，根據這三項內容，形成了顧客構面的策略性議題，如圖10-2所示。

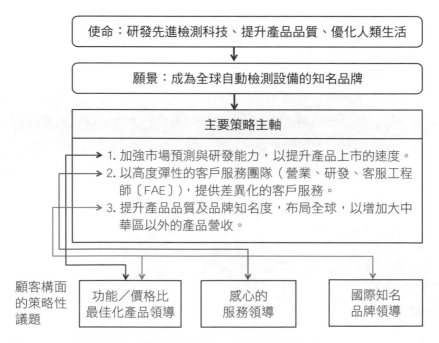

圖10-2　根據策略形成策略性議題圖：以德律科技為例
出處：德律科技提供。

由圖10-2可知，各策略性議題的形成受到策略的影響，例如策略

主軸1及主軸3，共同形成了「功能／價格比最佳化產品領導」的顧客構面策略性議題。接著以顧客構面的策略性議題為主幹，層層引導出內部程序及學習成長構面的策略性議題，其內容如圖10-3所示。

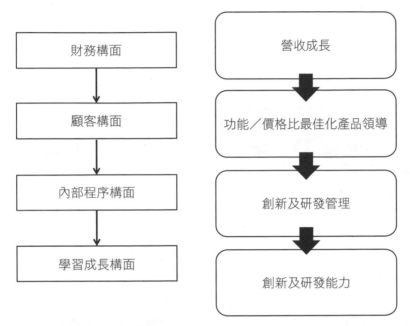

圖10-3　各構面的策略性議題導出圖：以德律科技「功能／價格比最佳化產品領導」的策略性議題為例

出處：德律科技提供。

　　圖10-3顯示，顧客構面的策略性議題影響了財務及內部程序構面的議題內容，同時也影響學習成長構面的議題及設計。

2. 策略性目標的形成

　　策略性目標是受策略性議題影響而形成的，形成過程中需不斷的進

行討論，例如：要如何才能做到策略性議題所談的「功能／價格比最佳化產品領導」，高層與BSC專案小組經過多次深入的探討，釐清顧客構面的關鍵驅動因素，思考執行成功之道。

經過一連串的分析及討論，歸納出兩個顧客構面的策略性目標：「快速的產品創新及功能提升」、「穩定的產品品質」，認為要能夠在這兩項目標上有卓越的表現，才能實現帶給客戶「最佳功能／價格比」的產品價值。關於「功能／價格比最佳化產品領導」此議題的四個構面策略性目標展開內容，如圖10-4所示。

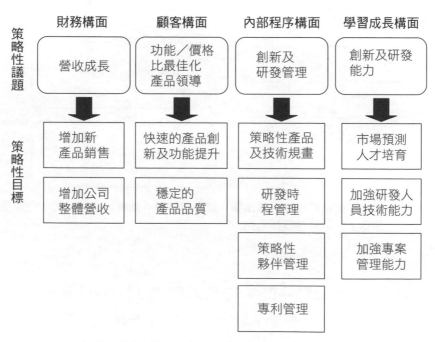

圖10-4　策略性目標形成圖：以德律科技「功能／價格比最佳化產品領導」的策略性議題為例

出處：德律科技提供。

3. 策略地圖的形成

形成 BSC 四大構面的策略性議題及策略性目標後，即可根據策略的因果關係，繪製公司的策略地圖，此策略地圖能明確具體的看出 BSC 四大構面的因果關係，如圖 10-5 所示。

4. 策略性診斷——水平與垂直缺口分析：

德律公司進行水平與垂直缺口分析的時候，需要很多細緻的產業經營知識，因此必須與產品研發、銷售等部門主管進行深入訪談，以找出水平與垂直之間的真正缺口。

表 10-5 為以「功能／價格比最佳化產品領導」為例所產生的水平缺口分析。

表10-5　水平缺口分析表：以德律科技「功能／價格比最佳化產品領導」的策略性議題為例

理想性BSC VS. 現階段策略執行狀況(水平缺口分析)				
	策略性議題		策略性目標	
構面	理想	現況	理想	現況
財務	營收成長	營收成長	增加新產品銷售	目標缺口
			增加公司整體營收	增加公司整體營收
顧客	功能／價格比最佳化產品領導	議題缺口	快速的產品創新及功能提升	目標缺口
			穩定的產品品質	穩定的產品品質
內部程序	創新及研發管理	創新及研發管理	策略性產品及技術規畫	目標缺口
			研發時程管理	研發時程管理
			策略性夥伴管理	目標缺口
			專利管理	目標缺口
學習成長	創新及研發能力	議題缺口	市場預測人才培育	目標缺口
			加強研發人員技術能力	加強研發人員技術能力
			加強專案管理能力	加強專案管理能力

出處：德律科技提供。

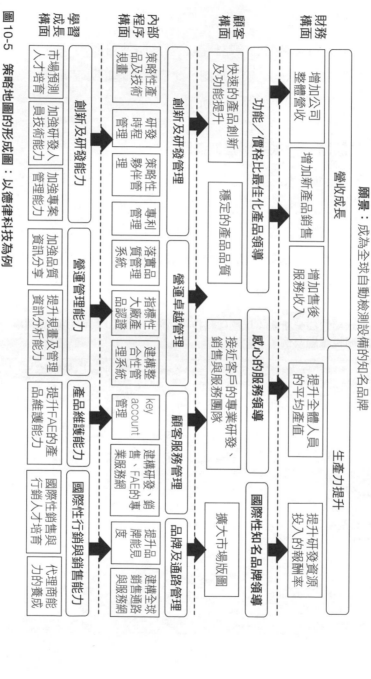

使命：研發先進檢測科技，提升產品品質，優化人類生活
願景：成為全球自動檢測設備的知名品牌

	營收成長		生產力提升	

財務構面

增加公司整體營收

增加新產品銷售　增加售後服務收入

提升全體人員的平均產值

提升研發資源投入的報酬率

顧客構面

快速的產品創新及功能提升

功能／價格比最佳化產品領導

穩定的產品品質

貼近客戶的專業研發、銷售與服務團隊

感心的服務領導

國際性知名品牌領導

擴大市場版圖

內部程序構面

策略性生產品及技術規畫

創新及研發管理

研發時程管理　策略夥伴管理　專利管理　客戶管理系統

指標性大廠產品認證　建構整合性管理系統

營運卓越管理

key account 管理　建構研發、銷售、FAE的專業服務網

顧客服務管理

提升品牌見度　建構全球銷售通路與服務網

建構研發、銷售、FAE的導度

品牌及通路管理

學習成長構面

市場預測人才培育

創新及研發能人

加強研發人員技術能力

加強專案管理能力

加強品質資訊分享

營運管理能力

提升規畫及管理資訊分析能力

提升FAE的產品維護能力

產品維護能力

國際性銷售行銷人才培育

國際行銷與通路銷售能力

代理商能力的養成

圖 10-5　策略地圖的形成圖：以德律科技為例

出處：德律科技提供。

270　策略形成及執行

圖10-6為以「功能／價格比最佳化產品領導」策略性議題，所進行的垂直缺口分析。

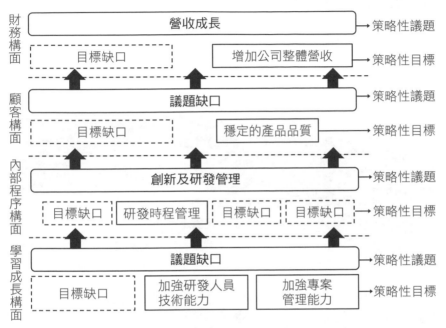

財務構面 ──

| 營收成長 | → 策略性議題 |

| 目標缺口 | 增加公司整體營收 | → 策略性目標 |

顧客構面 ──

| 議題缺口 | → 策略性議題 |

| 目標缺口 | 穩定的產品品質 | → 策略性目標 |

內部程序構面 ──

| 創新及研發管理 | → 策略性議題 |

| 目標缺口 | 研發時程管理 | 目標缺口 | 目標缺口 | → 策略性目標 |

學習成長構面 ──

| 議題缺口 | → 策略性議題 |

| 目標缺口 | 加強研發人員技術能力 | 加強專案管理能力 | → 策略性目標 |

圖10-6　垂直缺口分析圖：以德律科技「功能／價格比最佳化產品領導」的策略性議題為例

出處：德律科技提供。

5. 策略性衡量指標及目標值的形成

從表10-6中可以清楚看出策略性議題、目標及衡量指標之間的整合關係，例如：「快速的產品創新及功能提升」此一策略性目標，由三項策略性衡量指標：「關鍵技術開發完成數」、「新產品上市數目」及「新客戶數」來支撐。

表10-6 衡量指標設計表：以德律科技「功能／價格比最佳化產品領導」的策略性議題為例

構面	策略性議題	策略性目標	策略性衡量指標	目標值(2003年)
財務	營收成長	增加新產品銷售	新產品營收成長率	XX%
			產品線毛利率	XX%
		增加公司整體營收	整體營收總額	$XX億元
顧客	功能／價格比最佳化產品領導	快速的產品創新及功能提升	關鍵技術開發完成數	XX數
			新產品上市數目	XX數
			新客戶數	XX位
		穩定的產品品質	重複購買率	XX%
			平均故障間隔時間(MTBF)	XX時數
			新產品出貨不良比率	XX%
內部程序	創新及研發管理	策略性產品及技術規畫	策略性新產品與新技術提出件數	XX數
			策略性新產品與新技術通過件數	XX數
		研發時程管理	研發專案變更比例	XX%
			研發專案變更所增加的總天數	XX天數
			研發專案準時完成率	XX%
		策略性夥伴管理	關鍵性技術合作數目	XX數
		專利管理	專利提出申請數	XX數
			專利檢視次數	XX數
學習成長	創新及研發能力	市場預測人才培育	市場分析報告	XX件數
			技術趨勢分析報告	XX件數
		加強研發人員技術能力	有效的教育訓練時數	XX小時數
		加強專案管理能力	有效的教育訓練時數	XX小時數

出處：德律科技提供。

6. 策略性行動方案

以「功能／價格比最佳化產品領導」的策略性議題為例，經過訪談以及現況行動方案分析之後，形成如表10-7的分析內容，此表僅以顧客構面的策略性行動方案為例說明。

表10-7　策略性議題、目標至策略性行動方案連結表：以德律科技「功能／價格比最佳化產品領導」的策略性議題為例

構面	策略性議題	策略性目標	策略衡量指標	目標值（2003年）	策略性行動方案
財務	營收成長	增加新產品銷售	新產品營收成長率	XX%	-
			產品線毛利率	XX%	-
		增加公司整體營收	整體營收總額	XX億元	-
顧客	功能／價格比最佳化產品領導	快速的產品創新及功能提升	關鍵技術開發完成數	XX數	1.研發出創新產品及進行產品功能改善計畫
			新產品上市數目	XX數	
			新客戶數	XX位	
		穩定的產品品質	重複購買率	XX%	
			平均故障間隔時間（MTBF）	XX時數	2.顧客滿意度調查（針對產品品質）
			新產品出貨不良比率	XX%	3.滿意度調查（針對客戶抱怨）

出處：德律科技提供。

由表10-7中可知透過策略性議題至行動方案的連結後，形成三項行動方案：研發出創新產品及進行產品功能改善計畫、顧客滿意度調查（針對產品品質），以及針對客戶抱怨的滿意度調查等行動方案。

7. 策略性預算

公司需為訂定的策略性行動方案編列足夠的執行預算及資源，以利行動方案的執行與運作。

8. 策略性獎酬

當初德律科技董事長導入 BSC 是希望能產生一套公平的獎酬制度。導入 BSC 三年內完成了獎酬制度的設計，如表 10-8。整個獎金計算的架構當中，提撥 X% 的比例做為 BSC 執行結果的獎酬。而所謂 BSC 執行結果，則是完整的涵蓋了公司整體 BSC 的表現、部門 BSC 的表現，以及個人 BSC 的表現，該獎酬制度成功的指引員工、部門與總公司的策略方向趨於一致。

表 10-8　BSC 下的獎酬機制表：以德律科技為例

項目	獎金來源績效權重分配
BSC 的執行結果	X%
總公司或是產品層級的 BSC 績效表現分數	a%
部門層級的 BSC 分數	b%
個人的 BSC 分數	c%
主管權限	Y%

出處：德律科技提供。

（三）策略事業單位（SBU）與總公司的綜效

1. 總公司策略議題及目標的選擇與承接

　　以下以研發部門(R&D)承接總公司「功能／價格比最佳化產品領導」的策略性議題為例，說明部門發展BSC的過程。圖10-7說明研發部門的策略性議題與總公司的策略性議題的承接關係，圖中實線的策略性議題，即為該SBU承接的策略性議題，虛線則代表尚未建立。

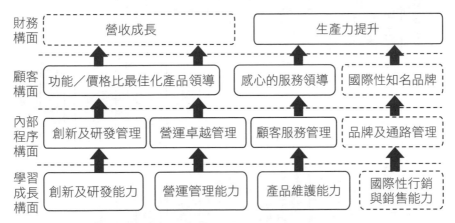

圖10-7　承接總公司的策略性議題圖：以研發部門為例
出處：德律科技提供。

2. SBU 策略地圖的建立

　　德律科技的BSC專案團隊，協同各SBU主管進行策略因果關係連結，形成各SBU的策略地圖。茲以德律科技事業單位R&D部門的策略形成圖為例，內容如圖10-8所示。

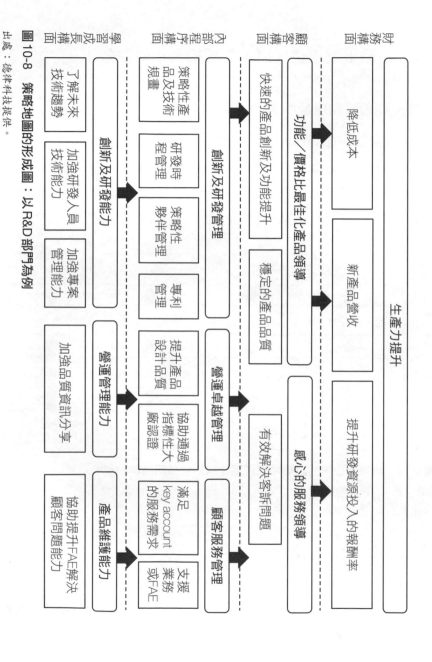

圖 10-8　策略地圖的形成圖：以 R&D 部門為例

出處：德律科技提供。

3. SBU 的 BSC 其他要素、目標值及行動方案的形成

接著，專案小組與部門主管共同擬訂 SBU 的 BSC 其他內容，以「功能／價格比最佳化產品領導」策略性議題為例，如表 10-9。

(四) 共享服務單位（SSU）與總公司及 SBU 的綜效

2003 年，德律科技的員工數為二百人，組織架構較扁平，因此在 BSC 導入過程當中，各功能單位以及子公司皆以「總公司與策略事業單位」的邏輯展開部門的計分卡。人資及財務等共用服務單位，也以連結計分卡的方式將 BSC 發展步驟加以整合，讓 SSU 能有效支援 SBU，協助 SBU 達成組織的策略方向。

對視研發能力為重要核心競爭力的德律科技而言，能否有效掌握關鍵研發技術或能力是經營的一大挑戰。以下將以德律科技的人資單位為例，說明如何透過與承接總公司策略，建立需求與供給的連結，有效的滿足德律科技研發部門對於研發人員及能力的需求，如表 10-10。

五、專案執行遭遇的困難與解決之道

（一）專案執行之初面臨的困難

1. 人員層面：專案初期，還未能將策略轉化成每個人日常的作業活動，隨著專案進行，多了一些需要完成與確認的事項，被認為是「新增的工作」，致使員工對於 BSC 專案抱持消極的心態。

2. 技術層面：設計 SPI 時，雖面臨資訊難蒐集的情況，但更大的挑戰來自於跨部門目標／衡量指標溝通困難，根本原因在於不同部門因為

表10-9 SBU計分卡表：以R&D部門為例

構面	策略性議題	策略性目標	衡量指標	目標值（2003年）	行動方案
財務	生產力提升	降低成本	因研發設計變更節省的原物料成本	-	-
		提升研發資源投入的報酬率	營業額／研發費用	-	-
顧客	功能／價格比最佳化產品領導	快速的產品創新及功能提升	上市時間（by機種別）	-	拜訪關鍵客戶，了解功能測試需求。
			新產品上市數目	1	-
			關鍵技術開發數目	6（完成3件，開發3件）	-
			功能提升完成率	100%	-
		穩定的產品品質	平均故障間隔時間（MTBF）	-	建立完整的驗證制度，培養具有優秀能力的品保人員。
內部程序	創新及研發管理	策略性產品及技術規畫	產品及技術構想提出數與通過數	提出2個，審查會通過1個	定期拜訪關鍵客戶 發展部門內提案制度
		研發時程管理	研發專案準時率	-	-
			專案修改所延遲天數	-	-
		策略性夥伴管理	關鍵性技術合作成功率	100%	-
		專利管理	專利檢視次數	2	-
學習成長	創新及研發能力	了解未來技術趨勢	新知交流與分享次數	4	定期或階段性舉辦技術及經驗研討會
		加強研發人員技術能力	教育訓練時數	80小時（人/年）	安排教育訓練
		加強專案管理能力	研發日誌填寫比率	100%	建立整個公司的專案管理制度，與ISO及其他制度結合。

出處：德律科技提供。

表 10-10　服務計分卡表(摘錄)：以人資部門為例

人資部門承接總公司策略			
構面	策略性議題	策略性目標	衡量指標
顧客	齊備人力資源	齊備策略性人才	策略性人力就緒度-Sales 與 FAE
		持續投資及培育研發人才	關鍵技術人才到位率
	提升整體員工核心能力	完成年度訓練計畫	計畫執行完成度
:	:	:	:

出處：德律科技提供。

權責不同，對彼此的工作內容不甚理解，要訂出雙方/三方都認同的 SPI，著實不易。

3. 組織層面：BSC 初期缺乏基礎的管理技術，如 AVM、流程管理等來支持專案的執行，因而甚難建立與 BSC 連結的獎酬制度。

(二)困難的解決之道

1. 人員層面：專案導入初期，需要投入較多時間進行多方溝通，藉此清楚傳達公司的策略與目標、凝聚內部向心力及公司未來方向的共識，逐漸將公司的策略性目標轉換為每個人的日常工作。

2. 技術層面：設計跨部門的 SPI 時，應保有「概括」的彈性，在不同部門間制訂相應的辦法，靈活管理；設計上不應過度切割責任，使 SPI 變得複雜難解。故權責主管應不厭其煩的進行跨部門溝通，協調事項，平時亦隨時示警 SPI 的落實情況，全力以赴的實現跨部門指標的達成度。

3. 組織層面：專案執行之後，釐清內部基礎工程需強化的範圍，持續性的投入流程及系統面的建置，同時逐步建立與BSC連結的獎酬制度。

（三）專案執行的經驗與分享

BSC專案的執行需由高階主管溝通策略，產生共識及聚焦，後續仍需一串相連不斷的「溝通過程」來展開及執行策略性目標，所有的成敗皆繫於此，對於公司中長期或內部流程面的目標，更需要持續的投入與宣導。即使有專職的專案團隊，建議將各部門種子成員或主管納入專案團隊中，提高各部門對專案的參與度，戮力同心，水到渠成。

六、BSC 對經營績效的影響

（一）推行BSC對經營績效的影響

德律科技自2003年導入BSC之後，透過BSC四大構面及七大要素之間的邏輯關係，不斷的檢視公司短、長期策略發展方向的正確性，並促使各部門的努力方向與公司目標一致。僅僅一年便看到成效，2004年德律科技的營收成長幅度超過80%，2006年的營收更是大幅躍增了將近250%（與2003年比較）。BSC四構面的關鍵指標績效分析如下：

1. 財務構面

德律科技在維持毛利率前提下，持續追求營收成長，創造股東及員工最大利益。財務構面的策略性議題為「營收成長」，策略性目標為

「增加公司整體營收」，衡量指標為「整體營收總額」。由圖10-9整體營收總額趨勢圖可看出，營收成長589%，從2003年8.51億元，成長至2014年的58.69億元，創歷史新高。公司過去十年毛利率持續維持在46%～53%。

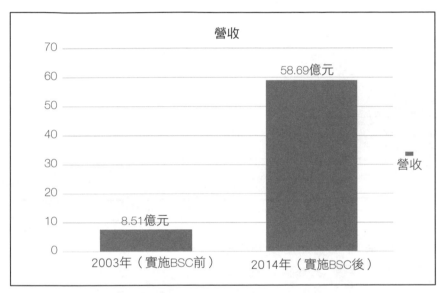

圖10-9　整體營收總額趨勢圖：以德律科技為例

出處：德律科技提供。

2. 顧客構面

　　針對顧客構面的兩項策略性議題——「功能／價格比最佳化產品領導」及「感心的服務領導」，其策略性目標分別為「穩定的產品品質」及「接近客戶的專業研發、銷售與服務團隊」，衡量指標分別為「新客戶數」及「重複購買率」。

由圖10-10新客戶數趨勢圖可看出，公司導入BSC之後，新客戶數從2004年的71家，擴增至2005年的147家、2006年195家，2007年目標值則為270家。由此可看出新客戶數的成長趨勢，又因跨產品線持續交叉銷售，有效提升市場客戶涵蓋率。每年新增3至5家營收貢獻度高的key account，進而維持營收成長動能。

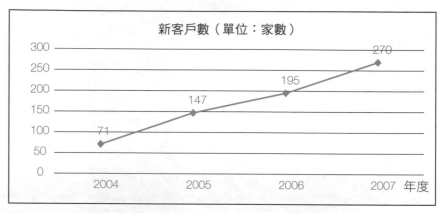

圖10-10　新客戶數趨勢圖：以德律科技為例
出處：德律科技提供。

由圖10-11重複購買率圖可看出，公司在導入BSC之後，2004年的重複購買率為97.0%，2005年提升至98.8%，2006年為98.3%，至今客戶重複購買率持續維持90～98%。BSC對有效持續維持與提升客戶忠誠度具有相當貢獻。

3. 內部程序構面

針對內部程序構面的兩項策略性議題——「營運卓越管理」及「顧客服務管理」，其策略性目標分別為「建構整合性管理系統」及「key

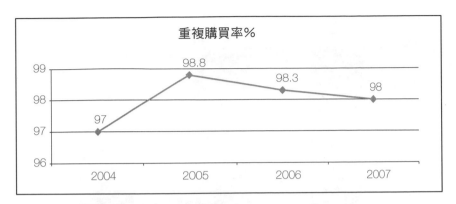

圖10-11　重複購買率圖：以德律科技為例

出處：德律科技提供。

account 管理」，衡量指標分別為「系統建置完成度」及「試／比機家數」。

由圖10-12系統建置完成度可發現：公司在導入BSC之後，2005年完成ERP系統建置，2006年完成CRM系統建置，2007年完成維修管理系統eRMA（Return Material Authorization e-Platform）的建置。

之後再建置eHR、Easy Flow等系統化管理制度，並連結母公司與子公司，優化各項流程機制與管理制度一致化，大幅提升母子公司的營運效率與內控機制。

截至目前為止，德律科技每年新增通過國際性指標大廠客戶認證，從1至2家提升至3至5家，增加100%。同時，配合客戶開發產品新功能，貼近頂尖客戶需求，提升產品競爭力。

試／比機家數這個衡量指標是指：客戶購買公司的檢測設備前，通常會要求提供一台同機型的設備讓客戶測試，或與其他供應商的設備進行比較，此稱為試／比機。試／比機的家數愈多，表示客戶採用的機會

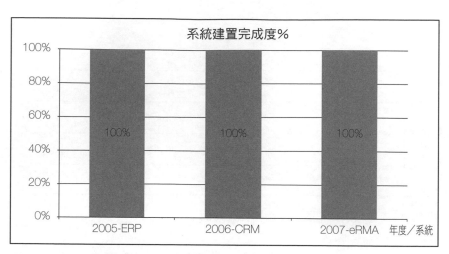

圖10-12　系統建置完成度：以德律科技為例

出處：德律科技提供。

愈多；或是公司的產品知名度提高，有更多的客戶願意試試公司的產品，進而要求進行試／比機。

由圖10-13試／比機家數趨勢圖可看出，公司在導入BSC之後，試／比機家數2004年有50家，2005年提升至85家，2006年高達225家，2007年飆至300家，可看出試／比機家數大幅提升的成效。

4. 學習成長構面

針對學習成長構面的策略性議題「營運管理能力」，其策略性目標為「加強品質資訊分享」，衡量指標為「最佳實務分享與複製成功件數」。

由圖10-14最佳實務分享與複製成功件數趨勢圖可看出，公司導入BSC之後，最佳實務分享與複製成功件數2005年有6件，2006年8件，

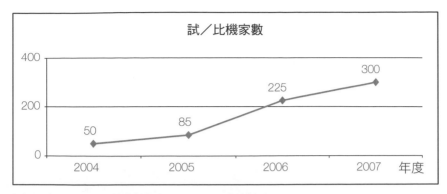

圖 10-13　試/比機家數趨勢圖：以德律科技為例

出處：德律科技提供。

2007年7件，由此可看出最佳實務分享與複製成功件數呈穩定持平現象，實屬不易。

　　策略性人才(研發、業務、FAE)的就緒度從2003年的81%，提升至近年的95%，大幅提升17%。這些人才投入，達到有效執行公司策略的目的。

　　整體而言，自從實施BSC之後，德律科技整個經營績效皆有顯著的提升。

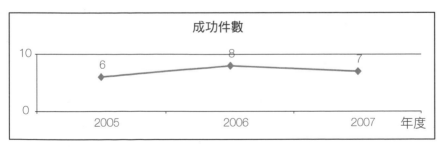

圖 10-14　最佳實務分享與複製成功件數趨勢圖：以德律科技為例

出處：德律科技提供。

（二）推行BSC對組織及員工的影響

　　德律科技自2003年推動BSC，除了透過部門策略地圖、計分卡的運作，讓公司的策略得以貫徹執行之外，更進一步將BSC廣泛應用在下列幾項管理範疇之中：

1. 公司治理

　　德律科技的董事長在每年董事會中，除了例行性的財務報告之外，也以BSC架構報告公司策略執行狀況，以及總公司BSC重要衡量指標的達成情況。至今每半年總經理會向員工說明策略執行狀況及未來努力目標，凝聚全體員工共識，提升策略目標落實度。全球營業處副總也以BSC架構報告未來一季的營運計畫及市場分析。

2. SBU 與 SSU 整合帶來的流程改善效益

　　BSC對德律科技最重要的影響，除了在財務構面帶來實際的財務績效外，更能有效的整合各單位，對公司策略校準的管理議題亦有卓越的貢獻。

　　2006年，德律科技面臨顧客對於產品原料需求等級下降的要求，因此德律必須改變原本的產品設計與生產計畫，降低產品成本，並且確保新產品可以及時研發完成。面對這突如其來的挑戰，德律科技運用導入BSC之後的管理基礎，成功回應顧客的需求。

　　德律科技過去的研發流程和大多數公司類似：研發部門開發新產品之後，由生產部門製造產品原型以及後續的生產活動，品保部門再針對最終產品進行相關驗證，之後再交由FAE至客戶端提供相關服務。這

樣的流程當中，每個部門通常需花費不少等待時間，造成公司資源的閒置與營運的無效率。實施BSC後，各部門連接公司策略，打造一致的溝通語言與策略目標，快速提升公司整體競爭力及策略執行力，完全去除資源閒置與營運無效率的情況。

(1) BSC 導入創造組織面的營運綜效

自全面導入BSC之後，不同部門之間共同承擔的策略性議題、目標和衡量指標皆清楚的以四、七、四架構呈現，使德律科技得以有效的管控每個部門的各項專案進度。例如：新產品研發專案的軟體負責人，其進度也需同時對品保（QA）、FAE負責；而針對降低成本的目標，該衡量指標也必須由研發與採購共同承擔。此外，各部門主管為了達到部門的績效指標，即使上游部門的專案延遲，他們也會為了達成專案準時的要求，主動執行未受影響的部分，有效縮短停滯時間。在這樣的管控之下，整個新產品研發專案的進度順利達成公司的目標。

(2) BSC 引導流程的改造──共同目標促成同步工程的進行

透過BSC七大要素當中衡量指標及目標值的運作，引導德律科技研發與生產流程進行改造──使其發展成為同步流程運作模式，見圖10-15所示。同步工程的具體效益除了提升流程面的運作效率外，也協助德律科技成功達到降低生產成本的目標。

在同步工程的運作下，德律科技成功的促使研發生產相關部門共同聚焦於組織的重大策略議題上，大大提升研發的效率。

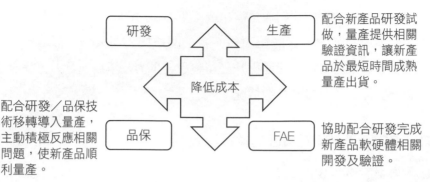

配合新產品研發試做，量產提供相關驗證資訊，讓新產品於最短時間成熟量產出貨。

配合研發／品保技術移轉導入量產，主動積極反應相關問題，使新產品順利量產。

協助配合研發完成新產品軟硬體相關開發及驗證。

圖10-15　同步工程示意圖：以德律科技為例

出處：德律科技提供。

3. 子公司與總公司的策略整合

德律科技在全球有數個分公司，透過「BSC的目標設定」及「策略檢討會議（strategy review meeting）的召開」，了解每個團隊的策略目標執行進度，快速提出修正與改善方案的對策，以確保這些分布在外的子公司能對組織的策略做出貢獻。

藉由以BSC為焦點召開策略檢討會議，德律科技提高資訊的透明度，並以坦誠的企業文化進行溝通，營造出一個有一致的語言及邏輯、可以進行良好溝通的對話平台，且董事長等高階主管皆能針對問題具體答覆，子公司同仁更清楚明瞭公司的策略目標，使子公司能與總公司策略加以整合，長期而言有助於公司競爭力的提升。

有關德律科技目標設定的承接及策略檢討會議的重點，如下所述：

(1) BSC 目標設定的承接

有關德律科技BSC目標設定值承接的釋例內容，如圖10-16所示。

A. 總公司目標：首先確立總公司的策略性目標。

B. 全球營業處目標：各營業處根據總公司策略性目標，設立該營業處的子目標。

C. 各子公司：各子公司考慮不同區域的特性及組織功能，設定其目標。

D. 個人：個人根據不同部門的策略性目標，設立個人應該負責的目標。

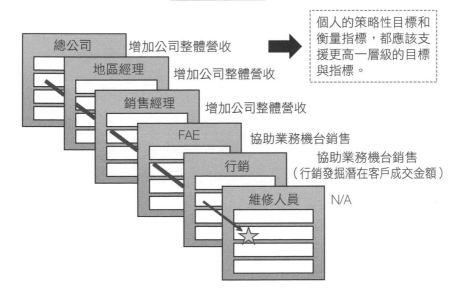

以財務構面為例

圖10-16　總公司、部門、個人BSC目標設定承接圖：以德律科技為例

出處：德律科技提供。

(2) 策略檢討會議

學習總公司的做法，子公司的策略檢討會議重點如下所述：

A. 高階主管的重視：每季由子公司總經理親至各子公司主持會議。
B. 子公司總經理針對執行結果給予指示，包括獎勵及需改善項目。
C. 進行內部最佳實務分享，以增加內部學習的成效及文化的建構。

表10-11為德律科技子公司策略檢討會議的議程及內容。

4. 員工計分卡的落差

德律科技導入員工計分卡與公司策略連結，打造一致的溝通語言與策略目標，提升公司整體競爭力及策略執行力。每半年主管與員工進行個人計分卡績效溝通與改善，並與獎酬結合。每年總經理會向員工說明策略執行狀況及未來努力目標，凝聚全體員工的共識，提高策略目標落實度。

BSC引進臺灣之後，成為各個產業的熱門話題，躍躍欲試的公司不少，但成功導入的並不多。從導入BSC的發展過程來看，德律科技至少掌握了下面兩個關鍵成功因素：

(1) 高階主管的支持；及
(2) 正確有效的運用BSC理論，將BSC展開至各部門（包括SBU及SSU），甚至各子公司，促使整體組織綜效的提升。

關於上述第一點，德律科技董事長不僅關切BSC專案的發展，在

表10-11　策略檢討會議的議程表：以德律科技子公司為例

策略檢討會議議程	內容
1.BSC執行狀況報告	說明策略性衡量指標達成狀況及未來一季的計畫重點，有助提升資訊透明度；大家除了報告自己的績效達成情形之外，也可以了解其他部門的營運狀況。
2.議題報告與討論	討論時以坦誠的企業文化進行，例如產品有品質不良之處，也應提出來進行改善；另外也提到人力就緒度應確實執行，以提升員工的核心能力。人是最重要的，在公司成長的同時，個人也跟著成長。
3.問題回饋與討論	對於子公司提出的問題由子公司特定單位協助處理，並提供具體的答覆。
4.總經理總結說明	為了提升對子公司整體狀況的了解，說明子公司目標達成狀況、上半年重要營運績效、下半年努力的重點，全力達成子公司所設定的策略目標，並表揚優秀員工。

出處：德律科技提供。

後續執行工作上，更扮演火車頭的角色。公司內部的管理會議都以BSC的內容做為績效檢討的依據。董事長表示，和之前的會議型態相較，這樣的會議更成功且更有效率。因為BSC是一個很好的溝通平台，公司內部的所有成員，都可以使用這個共通的語言進行溝通，用相同的策略性議題、目標及指標進行討論。長期而言，這樣的機制對公司的競爭力助益良多。

上述第二點有關組織的綜效，各部門之間如何合作以回饋公司策略的需求，對許多組織而言，一直是極大的挑戰。透過BSC具體的四、七、四導入架構及組織綜效的理論基礎，可以協助公司切實的展開BSC，以策略性議題、目標和衡量指標，串連所有部門至總公司的策略，以公司整體的角度為出發點，有效的解開不同部門，尤其是SSU部門角色的迷思，使大家聚焦於公司未來應執行的策略方向上。

第11章 食品業實施平衡計分卡案例：日正食品

一、日正食品背景說明

　　1973年，日正食品董事長劉慶堂先生自軍中退役，懷著滿腔熱情投身食品業，擔任中興沙拉油業務員。那個年代，市場都是論斤賣兩的經營模式。他在一次前往日本考察返國後，決定以「小包裝」為差異的經營模式，開創屬於自己的事業，也從此奠定了日正食品在小包裝市場的領導地位。董事長在創業之初，即以「在太陽底下正正當當做生意」的理念，為公司取名「日正食品」。創業後秉持勤儉踏實的態度，一步一腳印逐步開展事業，事業版圖逐漸擴及全國，而後更跨足至海外。[1]日正食品組織架構圖，如圖11-1所示。

二、日正食品實施 BSC 的動機

　　日正食品推行BSC的動機可以歸納為以下兩點：

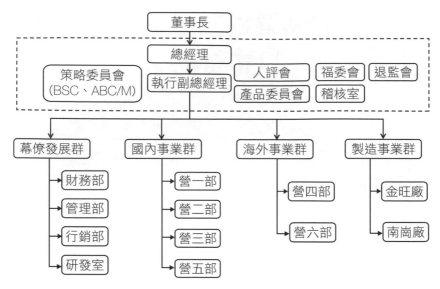

圖11-1　日正食品組織架構圖

出處：日正食品提供。

（一）明確策略主軸，加強策略傳承

希望透過BSC釐清公司策略、聚焦營運主軸、產品定位及配套的行銷／定價／通路的執行方針，有效的提升營收及利潤目標。

（二）整合各部門資源，強化內部溝通

透過BSC整合現有部門的資源、協調內部組織及問題溝通，將公司整體方向確實傳達至內部各單位，以利策略執行。

三、BSC 的專案團隊及實施過程

（一）BSC 實施範圍及專案團隊

自 2010 年以來，日正食品高階主管參與政治大學策略成本管理－個案實作，於課程中陸續擔任管理實務經驗分享的個案公司。透過 BSC 專案，日正食品以過去討論的資料，進行全面整合及落實，讓 BSC 在公司內部發揮預期效益。

為了 BSC 的推動與運作，日正食品在 BSC 導入過程中，由管理部經理負責推動與統合專案的執行，各部門則因應承接及履行各項目標，並設有種子成員參與制訂各自的 BSC 內容；在外部顧問方面，則有專案經理、團隊成員及指導顧問投入。表 11-1 為日正食品 BSC 專案組織的成員與責任。

（二）專案推行時程

如前所述，日正食品的高階主管以 BSC 的架構討論總公司的 BSC 及策略地圖多年，早已熟稔 BSC 基本概念，因此在專案實際推動之初，時程縮短許多，主要是針對策略內容的再澄清，以及實際施行的資源落差進行討論與調整。

專案的規畫從 2013 年第四季起，先釐清總公司的使命、願景及價值觀，並針對策略主軸進行討論。接著針對總公司形成的策略繪製策略地圖與 BSC 其他內容。最高管理階層需承擔總公司的策略性衡量指標及目標值，依據 BSC 的執行狀況及目標值達成與否，向董事會進行彙

表11-1　BSC專案團隊成員及其責任表：以日正食品為例

BSC專案團隊成員			責任
召集人	執行副總	1人	1. 專案領導者 2. 專案方向與決策底定
專案 經理	管理部經理	1人	1. 專案進度的規畫與控管 2. 與顧問團隊密切合作，協調整合各部門會議 　與產出。 3. 協助排除進行過程中所遭遇的阻礙 4. 指揮執行人員依預定進度完成相關作業
種子 成員	各部門 種子成員	1～2人	1. 各部門與專案推動小組的溝通窗口 2. 負責擬訂各部門的策略地圖及BSC其他內容 3. 負責BSC執行、控制與回報
外部 顧問	專案經理	1人	1. 專案細部規畫 2. 產出及進度的協調與掌控 3. 安排會議與教育訓練 4. 與公司傳遞資料的窗口
	團隊成員	1～2人	1. 專案執行工作
	指導顧問	1～2人	1. 指導專案的策略方向 2. 重大議題指導與裁決

出處：日正食品提供。

報。待總公司的策略地圖確認後，即交由各部門（SBU與SSU）主管分別承接總公司的策略，並依循總公司的策略地圖繪製部門別策略地圖。

　　部門別策略地圖繪製完成後，再發展各部門的計分卡。為了檢驗部門別與總公司策略地圖的關聯性、策略性目標之間邏輯的合理性，以及衡量指標及目標值的合適度，規畫召集公司管理階層及各部門主管舉辦策略共識營，透過充分討論與外部管理顧問的建議，進而修改各部門的BSC。共識營後，各部門主管針對會議結果對BSC進行微調，並依據整年度方針，按月規畫策略行動方案的進度。待總公司及各部門的BSC

設置完備後，即可依據各部門的指標及目標值分配權重，做為策略性獎酬的評估標準。推行時程共有四個階段，如表11-2所示。

表11-2　BSC專案推行時程表：以日正食品為例

推行階段	時間	推行內容
階段一	2010/9~2013/6	參與個案實作課程
		討論出詳盡的總公司策略地圖及BSC內容
階段二	2013/9~2013/10	總公司使命、願景、價值觀底定
		總公司策略釐清： 運用SWOT計分卡(策略形成工具)來分析研擬總公司的策略
		總公司策略地圖、部分BSC內容底定（至策略性衡量指標目標值）
階段三	2013/11~2013/11	各部門策略地圖設計完成
階段四	2013/12~2014/6	舉辦共識營
		修正部門別策略地圖及BSC內容
		各部門年度行動方案進度底定
		設計連結SPI至策略性獎酬

出處：日正食品提供。

四、BSC 的內容及運用

（一）策略形成系統

日正食品的使命與願景，如下所述：

1.使命：成為天然、便利、健康的雜糧食品專家

2.願景：2015年讓「日正食品」成為冬粉類產品的領導品牌

　　　2017年讓「日正食品」成為麵食類專家

　　接下來，日正食品以SWOT計分卡的策略分析架構，針對總體競爭環境及目標客戶需求進行分析，表11-3為SWOT計分卡的分析內容。

策略主軸的形成

　　日正食品透過表11-3的分析，得出三項策略主軸，如下所述：

1. 以區域或特殊通路領導現有商品，近身肉搏掠奪市場，輔以產品結構的調整及成功專案的複製，建立顧客移轉成本的障礙，搭配販促服務滿足健康銷售。

2. 以策略性商品與參展，快速搶占西方市場與增加經銷／代理客戶，以簽訂區域代理合約為優先（二線品牌為輔），搶占市占率，強化高附加價值服務，增加客戶的黏著度。

3. 強化營運與支援部門間的溝通協調，獲得利害關係人共識，並成為營運部門的策略夥伴。

（二）總公司BSC的展開── BSC導入八大步驟

1. 策略性議題的形成

　　日正食品根據三項策略主軸，形成兩項策略性議題：「安心、信賴的食品專家」及「營運卓越」，如圖11- 2所示。

表11-3　SWOT計分卡分析表：以日正食品為例

		優勢（S）	劣勢（W）	機會（O）	威脅（T）
	日正食品的SWOT計分卡分析				
財務構面		・資金調度能力強 ・國外展覽有政府補助款	・應收應付無法掌握且收款天數過長 ・成本相對競爭者高	・代理產品 ・市場整合需求增強	・原物料價格波動 ・紅海競爭激烈
顧客構面		・品牌知名度高於同業 ・產品品質穩定且給顧客信任感 ・具研發能力可提供給客製化產品 ・經典產品：冬粉、粉材、炸粉 ・為領導品牌、目顧客認同程度高。	・市場定位不明確、產品不夠聚焦 ・目門檻低、易模仿 ・新產品較少、應持續增加。調整產品組合、並增加產品曝光度 ・為全通路經營模式、各部門間銷售通路及品項不同，有較多的通路銷售訂價及訂價衝突。	・外食市場逐年成長、多產品提升 ・市場規模 ・積極參與商展、影響大、效果佳。 ・消費者對食品健康日益重與要求 ・消費者對品牌認識別能力明顯增強	・家用市場逐年衰退 ・通路費用不斷提高且談判籌碼式微 ・就品的老闆身兼業務、成本低、速度快。 ・競爭品項與眾多品廣、競爭者模仿力強
內部程序構面		・擁有自家生產、品管與研發、具有物流車隊、通路經營及自行銷發能力。 ・已掌握餐飲通路具影響力的盤商（客戶） ・產品於各大通路均有上架販售 ・產品通過國際認證的考驗	・行銷活動不具整體規畫 ・處理部門間衝突能力較弱（OEM管理、包裝修改過於頻繁、商品訂價調整流程等） ・制度雖完整（過於複雜），但缺乏執行力。 ・換貨成本過高、時間過長	・代理他廠產品 ・經銷合作模式經驗豐富、且市場進入整合期。	・無法符合通路架構 ・市場資訊較缺乏 ・原料回轉速度慢
學習成長構面		・雜糧食品經營經驗豐富 ・複雜類調配技術強 ・企業文化（閱讀文化、健康文化）	・內部溝通調能力不佳 ・人才培育度弱、無法滿足需求 ・獎酬制度不一且不具吸引力 ・資深員工重複執行面	・資訊平台發展趨向成熟	・食品法令修正快速、掌握度弱。 ・執法人員對法令的核可有不同標準 ・缺乏營運風險人才

出處：日正食品提供。

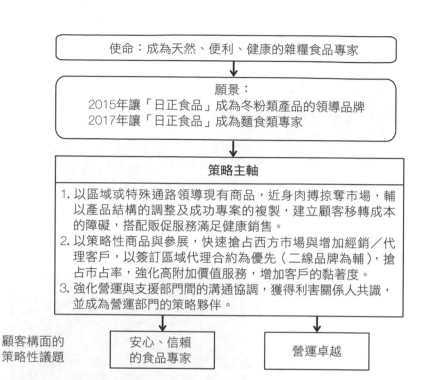

圖11-2 根據策略形成策略性議題圖：以日正食品為例
出處：日正食品提供。

形成顧客構面的策略性議題之後，接著以其為主軸，引導出財務、內部程序及學習成長構面的策略性議題，其內容如圖11-3所示。

從圖11-3中可以得知，各構面之間的策略性議題，相互影響也相互支持。

2. 策略性目標的形成

確定策略性議題後即進行討論，以發展該議題所屬的策略性目標。如圖11-4所示，以「安心、信賴的食品專家」策略性議題發展出策略性

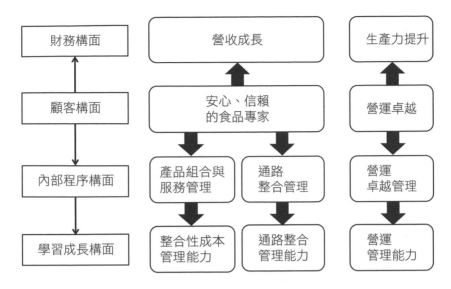

圖11-3　各構面的策略性議題導出圖：以日正食品為例
出處：日正食品提供。

目標的內容。例如：學習成長構面中「提升產品管理力」此一策略性目標，是從產品策略、構想、企畫、研發、量產、上市到淡出市場的整體規畫能力，囊括了營運策略與產品規畫、產品組合與效益分析、產品開發流程與專案管理、產品資訊管理、組織與績效管理及產品競爭分析等。因此，要達到此策略性目標，需要殫精竭慮，以及各單位的協同與整合。

3. 策略地圖的建構

　　形成BSC四大構面的策略性議題及策略性目標後，即可繪製日正食品的策略地圖，如圖11-5。

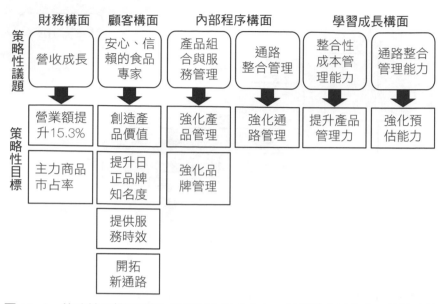

圖11-4　策略性目標形成圖：以日正食品「安心、信賴的食品專家」的策略性
　　　　議題為例

出處：日正食品提供。

4. 策略性診斷——水平與垂直缺口分析

　　策略地圖的展現，是策略達成的成果，而現實與理想的落差，則是需要加強的地方。專案進行過程中，透過訪談了解各部門主管希望公司改善的方向，取得診斷策略地圖缺口的依據。表11-4與圖11-6分別表示水平與垂直分析的結果，是以「安心、信賴的食品專家」此策略性議題為例的內容。

5. 策略性衡量指標及目標值的形成

　　策略性衡量指標實為目標達成的前哨站，因此在討論過程中，需投

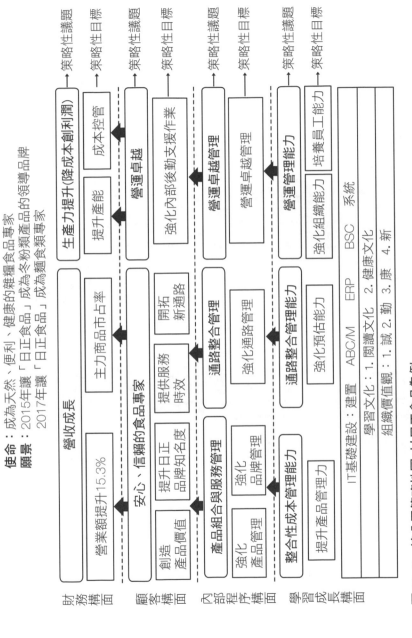

使命：成為天然、便利、健康的雜糧食品專家

願景：2015年讓「日正食品」成為冬粉類產品的領導品牌
　　　　2017年讓「日正食品」成為麵食類專家

財務構面

顧客構面

內部程序構面

學習成長構面

營收成長

營業額提升15.3% ← 主力商品市占率

安心、信賴的食品專家

創造產品價值 → 提升日正品牌知名度 / 提供服務時效 ← 開拓新通路

產品組合與服務管理 / **通路整合管理**

強化產品管理 / 整合性成本管理能力 → 提升產品管理能力 / 強化品牌管理 → 強化通路管理

通路整合管理能力

強化預估能力 → 強化組織能力

營運卓越

提升產能 / 成本控管 ← 生產力提升（降成本創利潤）

營運卓越管理

強化內部後勤支援作業 / 營運卓越管理

營運管理能力

培養員工能力

策略性議題 / 策略性目標（多組）

IT基礎建設：建置 ABC/M ERP BSC 系統

學習文化：1. 閱讀文化 2. 健康文化

組織價值觀：1. 誠 2. 勤 3. 康 4. 新

圖 11-5　總公司策略地圖：以日正食品為例

出處：日正食品提供。

注較高的心力，除釐清目標的真實涵意，亦需拆解各項欲達成目標的要素，衡量指標才能直指核心，切中要害，確切衡量該目標達成與否。舉例來說，欲達到「營業額目標」，就需細分各項產品、不同通路的營業額成長，多管齊下以達到總公司的目標。日正食品的衡量指標及目標值內容，詳見表11-5所示。

表11-4　策略性現況診斷——水平缺口分析表：以日正食品「安心、信賴的食品專家」的策略性議題為例

理想性BSC VS.現階段策略執行狀況(水平缺口分析)				
構面	策略性議題		策略性目標	
	理想	現況	理想	現況
財務	營收成長	營收成長	營業額提升	目標缺口
			主力商品市占率提升	目標缺口
顧客	安心、信賴的食品專家	議題缺口	創造產品價值	目標缺口
			提升日正品牌知名度	目標缺口
			提供服務時效	提供服務時效
			開拓新通路	開拓新通路
內部程序	產品組合與服務管理	議題缺口	強化產品管理	目標缺口
			強化品牌管理	目標缺口
	通路整合管理	通路整合管理	強化通路管理	強化通路管理
學習成長	整合性成本管理能力	議題缺口	提升產品管理力	提升產品管理力
	通路整合管理能力	通路整合管理能力	強化預估能力	強化預估能力

出處：日正食品提供。

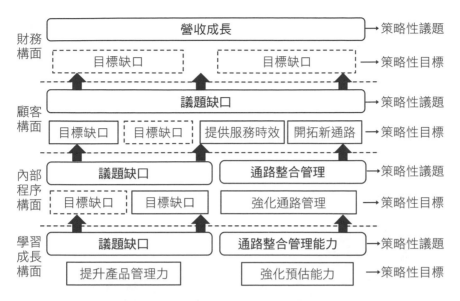

財務構面

顧客構面

內部程序構面

學習成長構面

| 營收成長 | → 策略性議題 |

圖11- 6　垂直缺口分析圖:以日正食品「安心、信賴的食品專家」的策略性議題為例

出處:日正食品提供。

6. 策略性行動方案的形成

表11-6為「安心、信賴的食品專家」,從策略性議題、目標至策略性行動方案的連結關係。

7. 策略性預算的形成

策略性行動方案形成後,日正食品即針對行動方案編製相關預算,稱為「策略性預算」。例如:近年食安問題頻傳,消費者、社會大眾惶惶不安,深怕一不小心黑心食品下肚。公司投入近500萬資金建立溯源管理系統,為消費者進行食品把關,讓消費者能夠安心購買日正的產品。

表 11-5　策略性衡量指標及目標值表：以日正食品「安心、信賴的食品專家」的策略性議題為例

構面	策略性議題	策略性目標	策略性衡量指標	策略性衡量指標的目標值	量化方式
財務	營收成長	營業額	營業額提升15.3%	成長15%	實績／預算
			毛利額	成長15%	實績／預算
		主力商品市占率	主力商品1_市占率	40%	實績／預算
			主力商品2_市占率	25%	實績／預算
顧客	安心・信賴的食品專家	創造產品價值	提升品質	1. 客訴單≥99% 2. 關鍵通路訪廠季／一家	1. 1份／月 2. 主動邀請訪廠件數
			研發效益	新品2支／四個月 舊品5支／年	1. 新品 on schedule 2. 舊品支數
		提升日正品牌知名度	上架率	1. 量販店（有上架費）70% 2. 超市（免上架費）35%	1. 推荐商品的命中率
			知名度累積	1.促銷活動達成率85% 2. 區分顧客滿意度、廠商滿意度、消費者滿意度	1. 活動效益評估 2. 顧客滿意度調查
		提供服務時效	接單達成率	達成率95%	實績／預算
			交期準確率	達成率98%	1. 實績／預算 2. 交期管理
		開拓新通路	新通路	CVS上架	通路類型／貢獻度
內部程序	產品組合與服務管理	強化產品管理	產品管理流程	自製品經銷品占比70／30% 自製品業績↑5% 退貨率2%	1. 交叉銷售比率 2.改善庫存管理
			供應鏈管理	（供應商績效，評鑑、訂單履行數量、不良退回率）	1. 供應商管理 2. 替代品開發
		強化品牌管理	活動效益管理	促銷活動達成率管理分析改善案	效益評估(結案報告)
			市場洞察力	日正以及競品促銷檔期資料建立	建立資料庫
	通路整合管理	強化通路管理	客戶管理	A級顧客業績消長分析	顧客口袋深度
			舖貨管理	上架達成率95%	實際上架店／總店數
學習成長	整合性成本管理能力	提升產品管理力	產品管理能力	AVM分析人才培育	通路經營發展
			競爭分析能力	建立競品資料庫	資料分析
	通路整合管理能力	強化預估能力	強化預估能力	提貨計畫準確率70%	產品預估能力

出處：日正食品提供。

8. 策略性獎酬的形成

日正食品的BSC是以價值的觀點執行與落實，並以策略性議題、目標、衡量指標及行動方案等各項要素環環相扣，徹底改善各部門與同仁的DNA，各部門開始有清楚的策略、目標與方向，經營結構逐漸轉

表 11- 6　策略性議題、目標至策略性行動方案連結表：以日正食品「安心、信賴的食品專家」的策略性議題為例

構面	策略性議題	策略性目標	策略性衡量指標	策略性衡量指標目標值	量化方式
財務	營收成長	營業額	營業額提升	成長15%	實績／預算
			毛利額	成長15%	實績／預算
		主力商品市占率	主力商品1_市占率	40%	實績／預算
			主力商品2_市占率	25%	實績／預算
顧客	安心、信賴的食品專家	創造產品價值	提升品質	1. 客訴單≧99%	1.1份／月
				2. 關鍵通路訪廠季／一家	2. 主動邀請訪廠件數
			研發效益	新品2支／四個月 舊品5支／年	1. 新品 on schedule
					2. 舊品支數
		提升日正品牌知名度	上架率	1. 量販店（有上架費）70%	1. 推荐商品的命中率
				2. 超市（免上架費）35%	
			知名度累積	1. 促銷活動達成率85%	1. 活動效益評估
				2. 區分顧客滿意度、廠商滿意度、消費者滿意度	2. 顧客滿意度調查
		提供服務時效	接單達成率	達成率95%	實績／預算
			交期準確率	達成率98%	1. 實績／預算
					2. 交期管理
		開拓新通路	新通路	CVS上架	通路類型／貢獻度

內部程序	產品組合與服務管理	強化產品管理	產品管理流程	自製品經銷品占比70/30% 自製品業績↑5% 退貨率2%	1. 交叉銷售比率 2. 改善庫存管理
			供應鏈管理	(供應商績效,評鑑、訂單履行數量、不良退回率)	1. 供應商管理 2. 替代品開發
		強化品牌管理	活動效益管理	促銷活動達成率管理分析改善案	效益評估(結案報告)
			市場洞察力	日正以及競品促銷檔期資料建立	建立資料庫
	通路整合管理	強化通路管理	客戶管理	A級顧客業績消長分析	顧客口袋深度
			舖貨管理	上架達成率95%	實際上架店/總店數
學習成長	整合性成本管理能力	提升產品管理力	產品管理能力	AVM分析人才培育	通路經營發展
			競爭分析能力	建立競品資料庫	資料分析
	通路整合管理能力	強化預估能力	強化預估能力	提貨計畫準確率70%	產品預估能力

出處:日正食品提供。

型,其績效評估及獎酬制度隨之改變。基於經營模式的改變,建立共識溝通的基礎,共同價值觀與共同信念的運行,自2014年開始,日正食品將策略性衡量指標的成果與獎酬做有效的連結,先規畫提撥獎金的15%,與BSC的SPI接軌。未來,將採取更有力的評核方式,提高提撥獎金的比率,並透過部門之間的競賽,將高績效與低績效部門的獎酬差距拉大(五到六倍),提高各部門達成SPI的動力。

（三）策略事業單位（SBU）與總公司的綜效

1. 總公司策略性議題及目標的選擇與承接

接下來以日正食品的SBU-營業四部為例，說明SBU的BSC發展內容。日正食品各營業部的業務有所不同，主要以通路別加以區分，營業四部主要負責海外市場，例如：美國、東南亞及非洲等。在此個案中，營業四部完全承接總公司的策略性議題，全力支持總公司的策略方向。

2. SBU 策略性地圖的建立

BSC專案團隊協同各部門主管進行策略地圖的討論，以形成各SBU的策略地圖。希望透過總公司發展新產品，創造出主力商品，藉以提升銷售動能。營業四部以總公司的策略主軸2：「以策略性商品與參展，快速搶占西方市場與增加經銷／代理客戶，以簽訂區域代理合約為優先（二線品牌為輔），搶占市占率，強化高附加價值服務，增加客戶黏著度」為核心，進行營業四部的策略地圖，如圖11-7所示。

3. SBU 衡量指標、目標值及行動方案的形成

專案團隊與部門主管共同擬訂SBU的衡量指標、目標值及相關行動方案，如表11-7所示。

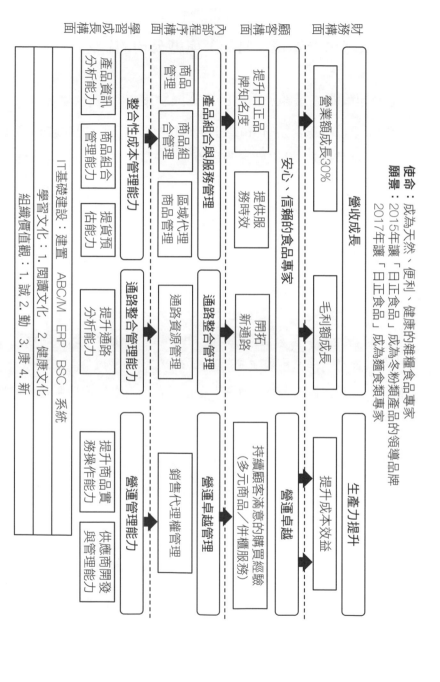

使命：成為天然、便利、健康的雜糧食品專家
願景：2015年讓「日正食品」成為冬粉類產品的領導品牌
　　　2017年讓「日正食品」成為麵食類專家

圖 11-7　策略地圖：以營業四部為例

出處：日正食品提供。

表11- 7　營業四部的策略性衡量指標、目標值及行動方案表：以營業四部「安心、信賴的食品專家」的策略性議題為例

構面	策略性議題	策略性目標	策略性衡量指標	長期目標值	策略性行動方案
財務	營收成長	營業額成長	營業額	30%	NA
		毛利額成長	毛利額成長率	10%	NA
顧客	安心、信賴的食品專家	提升日正品牌知名度	Top50商品成長率	20%	NA
		提供服務時效	訂單處理效率	XX天內報價與回覆	1. 快速回應報價速度 2. 訂單處理速度
		開拓新通路	多元商品提供	36支	1. 主流市場切入 2. 多品牌導入
內部程序	產品組合與服務管理	商品管理	自有:外購	1:1	運用分析，強化商品結構並調整。
			商品貢獻比	NA	
		商品組合管理	新增客戶數	10位	區域代理以外客戶
		區域代理商品管理	代理辦法擬訂	10份	代理商評鑑作業
			策略商品列入合約	10份	制訂合約
	通路整合管理	通路資源管理	挖掘與西方市場交易的現有客戶	10位	拜訪現有客戶並策略聯盟，共同開發西方主流市場。
			展場目標顧客開發	2位	透過每場展覽開發目標顧客
學習成長	整合性成本管理能力	產品資訊分析能力	競品資料運用	10國	競品價格資料庫建立
		商品組合管理能力	開發通路	10國	二線品牌通路導入分析及資料庫建立
		提貨預估能力	達成率	90%	每月進行提貨預估
	通路整合管理能力	提升通路分析能力	通路型態定位	48位	客戶型態資料庫建立

出處：日正食品提供。

（四）共享服務單位（SSU）與總公司及SBU的綜效

日正食品BSC專案推行時間雖然較短，但已就SSU部門規畫並繪製策略地圖。當時決定採取bottom-up方式，由各部門自行繪製，再整

合至總公司的策略地圖，最後再向下調整（top-down）各部門的策略地圖，因此各SBU與SSU間的服務協議尚未進行討論。在此，我們僅以研發部門為例，列舉SSU的BSC發展過程及其內容。

1. SSU 策略地圖的建立

為因應公司營業額成長的目標，研發部門在此專案中進行密集的討論，希望透過BSC的設計，研發出符合市場需求的商品，並進一步發

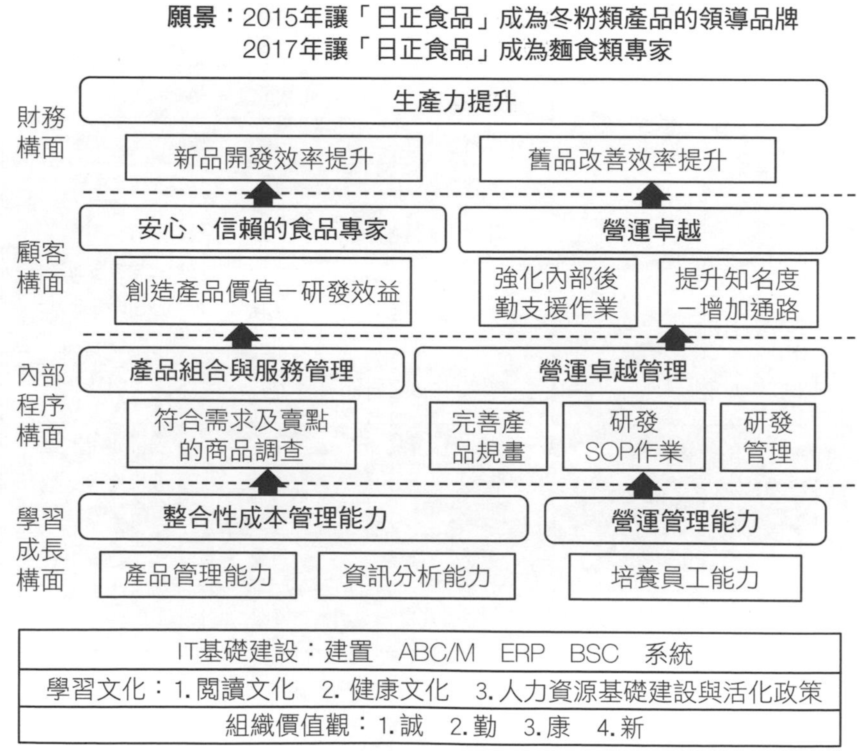

願景：2015年讓「日正食品」成為冬粉類產品的領導品牌
2017年讓「日正食品」成為麵食類專家

構面			
財務構面	生產力提升		
	新品開發效率提升	舊品改善效率提升	
顧客構面	安心、信賴的食品專家	營運卓越	
	創造產品價值－研發效益	強化內部後勤支援作業	提升知名度－增加通路
內部程序構面	產品組合與服務管理	營運卓越管理	
	符合需求及賣點的商品調查	完善產品規畫　研發SOP作業　研發管理	
學習成長構面	整合性成本管理能力	營運管理能力	
	產品管理能力　資訊分析能力	培養員工能力	

IT基礎建設：建置　ABC/M　ERP　BSC　系統
學習文化：1.閱讀文化　2.健康文化　3.人力資源基礎建設與活化政策
組織價值觀：1.誠　2.勤　3.康　4.新

圖11- 8　策略地圖：以研發部門為例

出處：日正食品提供。

展出公司整體產品的研發方向。研發部門的策略地圖，如圖11-8所示。

2. SSU 衡量指標、目標值及行動方案的形成

專案團隊與部門主管共同形成 SSU 的衡量指標、目標值及行動方案內容，如表11-8所示。

表11- 8　SSU 的策略性衡量指標、目標值及行動方案表：以研發部門「安心、信賴的食品專家」的策略性議題為例

構面	策略性議題	策略性目標	策略性衡量指標	2015年目標值	策略性行動方案
財務	提升生產力	提升新品開發效率	同期比較並採用累計開發件數	>41件	NA
		提升舊品改善效率	同期比較並採用累計改善件數	>11件	NA
顧客	安心、信賴的食品專家	創造產品價值─研發效益	新品開發	2件/月	新品／完成開發及客製化產品
			舊品改良	1件/月	完成品評試驗及達到標準
內部程序	產品組合與服務管理	符合需求及賣點的商品調查	市調次數	1次/月	針對產品每月市調1次
學習成長	整合性成本管理能力	產品管理能力	建立知識手冊	每月≧6件	建立餐通與策略產品知識手冊
		產品資訊分析能力	競品市調	1次/月	購買或蒐集競品進行成分分析與口感測試
		建立研發軟體	NA	NA	尋找軟體廠商導入

出處：日正食品提供。

五、專案執行遭遇的困難與解決之道

（一）專案執行之初面臨的困難

1. 人員層面：專案執行初期（2010/9～2013/6），雖然部分主管曾參加BSC課程，但對此管理工具的執行細節毫無概念，加上未設有專職的BSC團隊，推行上多有窒礙。

2. 技術層面：討論公司策略時，面臨內部策略缺乏共識、跨部門目標／衡量指標溝通困難等問題，主要癥結在於沒有共同的語言，會議容易陷入各自表述的狀態。此外，在SPI目標值設計過程中，出現某些部門設定相對低標的目標值，以提高部門達成度的狀況。

3. 組織層面：由於公司的管理制度各行其是，無法有效整合與串聯，加上未設定與BSC連結的獎酬機制，有些部門抱持觀望態度，致使專案窒礙難行。

（二）困難的解決之道

1. 人員層面：2013年9月引進顧問團隊，在專業的協助下，迅速掌握執行要點，專案推動漸入佳境。

2. 技術層面：公司決定以讀書會方式，讓內部所有經理級以上的主管一同研讀BSC書籍，藉以降低溝通障礙，加上輔導顧問的協助，組織內上下溝通逐漸順暢。此外，從總公司至六個部門，同步展開BSC專案，上級單位需至各部門宣導公司的理念與專案目標，上情下達後，專案進行順利許多。有關目標值設定的問題，顧問建議以「評比」方式進行全公司的績效評比，解決低標過多的情況。

3. 組織層面：在輔導顧問的指導下，貫徹獎酬制度與SPI達成狀況連結。有了誘因，優秀的部門往前衝，可以看到自己的努力成果，績效差異竟高達六倍，圓滿達成公司的期待。

（三）專案執行的經驗與分享

執行BSC過程中，發現聚焦的重要性。公司開始將資源配置在主力產品上，讓員工齊心協力往同一個方向努力，逐步打開經營的困境。此外，身為食品產業，領導者一定要將使命（例如天然、健康）的信念貫徹到底，知行合一，才能帶領公司挺過接二連三的食安風暴，更上一層樓。

六、BSC 對經營績效的影響

導入BSC之前，公司未有明確的方向及策略，因此各部門的運作就像是獨立作業的個體，未能發揮綜效。公司導入BSC之後，為公司設定使命、願景及價值觀，並且分析內部優劣勢及外部機會威脅，辨識目標客群的價值主張，發展出較明確的公司策略，管理階層也因此找到共同努力的方向。

有關推行BSC對經營績效的影響，說明如下：

（一）主力商品業績成長近1.5倍

因為BSC的導入，理出公司的使命「成為天然、便利、健康的雜糧食品專家」。在這個使命之下，公司對於產品品質管理愈發嚴謹，因此近年來能在食安的風暴中全身而退，為公司品牌形象加分不少。加上

公司的策略明確、目標聚焦，對於資源的分配更有效益，目標客戶（國內或國外）呈現50%成長。主力商品的業績成長45.98%，2014年營業額業績成長11.97%，2015年營業額業績成長1.17%，且與2014年相比同期毛利額20.46%，毛利率成長10.57%；2016年6月止，營業額業績成長3.55%，可說年年盈利，業績蒸蒸日上。

（二）各部門的績效影響

近年，大型批發商、量販店等通路商崛起，產品銷售改由通路商強勢主導，讓食品產業陷入紅海的競爭中，利潤亦受到嚴重的壓縮。導入BSC後，各營業單位發展出屬於自己部門特色的策略方向，並落實各項指標，已有部分績效，分述如下：

1. 營業二部

(1) 選擇對的品牌／品項經銷

1999年後，營業二部業績逐步小幅下滑，決定引進A牌沙拉油做為公司經銷品，經銷後業績果真快速成長。但導入BSC後，透過AVM系統的建置與分析，發現該產品雖然致使業績成長，但實際上非但沒有獲利，還出現虧損。根據AVM資訊的提供，讓營業二部的主管能安心做出決策，更換經銷獲利較A牌高出1.97倍的B品牌；冬粉業績2014年比2013年成長50%。

(2) 新通路／新顧客的開發成長

因部門策略明確，資源適時投入，SPI具體且持續追蹤，新顧客及新通路的開發有顯著進展。在新顧客方面，發掘到百萬／月的大客戶；

在新通路方面，2014年成長了67%，2015年第一季更達到33.48%的成長，績效優異。

(3) 落實經銷商與盤商管理

由於勤加拜訪有效益的經銷商與盤商，從2015年11月到2016年2月止，業績貢獻提升到10萬／月。

2. 營業四部

(1) 擴展與海外顧客的合作機會

包括：美國COSTCO、日本神戶物產、香港屈臣氏集團等的合作。

(2) 開發 A 級顧客

目前仍不斷開發出A級顧客，例如：美國克羅格公司Kroger此A級顧客。

七、BSC 對員工行為及組織的影響

（一）經營會議的轉型，強化各構面SPI的因果關係

日正食品公司往昔在經營月會上，各部門主管主要是以報告財務績效指標為主，呈現的是公司經營結果的落後指標，各部門難以對公司提出改善績效的方法。導入BSC以後，公司經營的重心從財務導向轉為內部的平衡報導。透過顧客、內部程序及學習成長等構面的關鍵績效指標的因果關係分析和檢討，公司管理階層在經營月會上的討論能聚焦在這些指標上，針對未達成的部分進行分析，並且提出解決之道。

（二）形成共同的溝通語言，提升溝通品質

日正屬於食品製造業，組織內部的產銷協調機制是營運卓越與否的關鍵因素。然而，前台的業務銷售及後台的行銷、研發、生產經常未能達成一致的共識，最主要的因素在於行銷部門未能有效蒐集市場資訊並提供給各部門。BSC導入之後，公司將行銷部門的顧客設定為業務單位，並為此增設行銷會議，有效強化產銷協調的機制，增加彼此對話的機會與頻率，讓跨部門的合作更為順暢。

此外，為了徹底發揮BSC的核心價值，特別在內部流程設定「跨部門協作SSU與SBU的互動」，因為此項作業與部門達成SPI分數有深度結合，SPI又與年底獎酬連結，讓各部門行動的執行與總公司設定的目標完全一致，全員動起來，打破部門的本位主義，培養出團隊合作的思維，成效斐然。

（三）溝通更具邏輯，使每位員工都可了解自己的貢獻

以往作業的模式就像上戰場，大家各自發揮所能，跟隨著主管的指示往前衝刺，實際上部門的目標並不明確。導入BSC後，如同明確的畫出靶心，每個人都知道可以使用什麼樣的武器來達標。

針對策略性目標的商品，會思索應該如何達成目標，也開始對於問題的預防以及因應的措施多加思考，並進一步檢核自己的進度，掌握自己在部門策略當中扮演的角色和應有的貢獻。

（四）策略新思維的注入，導引對的經營方向

日正公司創立逾四十年，主管平均年齡高，思想趨於保守。導入

BSC後，主管及員工的想法與行為逐步改變，視野大開，不再固守成規，孕生出嶄新的運作模式。

以業務部門為例，過去業務人員皆以銷售為主力，只要能將產品推到顧客／通路銷售，提高銷售額，即是優秀的業務員。然而，為了提高業績，往往未能考慮讓利過多會造成公司利潤受損，經常發生每接一筆訂單即虧一筆的窘境。透過BSC明確訂定各部門的毛利額，業務人員在銷售時會開始思考：如何才能讓這筆交易對公司產生最大利益？此外，各業務部門原本以通路別做區分，但銷售時漫無目標，未能辨識目標客群。導入BSC後，各部門定義通路目標市場的顧客價值主張，讓業務人員從對的方向尋找合適的顧客。

（五）建構完整的管理制度，增進營運效率

透過內部相關流程／制度的建立，特別是重要的作業流程進行SOP規畫，出錯率顯著減少，提高營運效率，且大幅改善因人員異動造成的業務流失。另一方面，因公司落實至個人的考核制度，激發出大家前進的動力，更能快速有效的達成目標。

註解：

1：資料擷取自日正官網http://www.smile-sun.com/about.asp

推行平衡計分卡常見問題 Q&A

附錄一

對企業而言，決定實施BSC是一件重大的決策，可能牽動企業的組織變革。因此，事先的評估工作不可或缺。想清楚實施的目的、企業實施的條件是否足夠，對這個制度能否成功具有極大的影響力。而事先評估的項目中，以「檢視高階主管的承諾決心有多強」最為重要。事先預防勝過事後彌補，能事先知道高階主管的承諾度，決定制度是否實施，比實施後再想辦法激勵高階主管支持的決心，兩者的效果難以相提並論。

企業在導入BSC的過程中，常會遇到各種問題，有些既難在書本或文獻中尋得答案，亦難遇到有經驗的實踐者現身說法，只能不斷的摸索與嘗試，尋求解決辦法。本章以BSC評估、設計、執行及回饋與改善等四個階段常見的問題，彙總現有文獻及筆者多年與企業合作的實務經驗，提供讀者解決的參考。

一、階段一：BSC 評估階段的常見問題

分別以人員、組織及技術等三方面加以說明：

1. 人員面

Q：如何向高階主管介紹BSC，讓高階主管了解BSC可帶來的效益，進而獲得主管的支持，願意推行BSC？

A：建議從高階主管煩惱的「管理問題」或組織欲克服的困難點切入，例如詢問高階主管：公司現有的管理制度與公司策略是否存在著無法整合的問題？是否有明確的策略，卻無法達到績效的困境？並以解決問題的角度，向主管具體說明BSC可扮演的角色及可解決的問題，藉以引發其對BSC的興趣。

如果高階主管正積極尋找能有效執行策略與目標的管理工具，那麼他們很容易發現BSC可以帶來極大的幫助。因為對於重視組織願景、策略、溝通、員工參與及創新的主管來說，BSC正是首選。然而，對於專注於短期的財務數字，且強調各SBU應完全服從中央集權規畫的主管來說，BSC對他們毫無吸引力，所以不建議花太多精力去說服。因為即使他們最後允許BSC專案的執行，也撥下預算，但因心中缺乏對BSC的支持，也沒有意願依據BSC的原則將整個組織轉變成「策略核心組織」，那麼BSC是不會成功的。

Q：導入BSC應包含哪些部門主管、人員，以確保導入成功？專案團隊該如何組成？

A：負責導入BSC制度的團隊成員應包含四種角色：(1)支持並領導專案的最高決策者、(2)專案管理者、(3)專案團隊成員，以及(4)組織變革專家。各種角色應負責的工作說明，如表1所示。

表1　BSC專案團隊成員的角色及責任表

角色	責任
支持並領導專案的最高決策者（通常由企業執行長或總經理擔任）	BSC專案的領導者
	提供專案團隊有關策略及方法論的背景資料
	與高階管理階層維持溝通
	承諾專案團隊人力及財務資源
	在組織內展現對BSC的支持與熱忱
專案管理者（通常由高階主管指派或尋找具備BSC理論基礎的人員擔任）	專案的規畫、會議召開、工作進度管控及專案成果報導
	以BSC的方法論領導專案團隊逐步推動BSC制度
	確保專案團隊能夠獲得所需及攸關的資訊
	提供最高決策者及高階管理階層BSC的產出資訊，並根據管理需求回饋所得的分析結果。
	藉由輔導及支援有效促進專案團隊的整體發展
專案團隊成員（通常由各單位或部門中挑選具潛力的人員參與）	提供有關事業單位及營運功能的專業知識
	擔任部門種子的角色，成為其單位或部門的BSC代表。
	負責向單位所屬的高階主管說明與溝通專案內容，以獲得高階主管長期支持。
組織變革專家（可指派組織內的高階主管，或邀請外部專家擔任此角色）	提高對組織變革議題的察覺及體認
	辨識出組織內部會影響BSC專案發展的變革議題
	與專案團隊一起合作，以降低因導入BSC制度而引發組織變革的相關風險。

2. 組織面

Q：常見BSC應用於大企業，此制度是否也適用於中小型企業、新興產業，或是變動快速的企業？

A：對組織來說，真正重要的是，如何將組織的策略與組織內的每項流程，甚至每個人的作業，建立緊密的連結。因此，縱使企業規模不大，仍然可以透過BSC工具，與每一位員工進行公司策略的溝通，進而順利的執行策略。在此過程當中，大家的行動會趨於一致。大企業更需要以BSC為工具，協助組織內多層級又複雜的策略溝通，使公司策略能夠有效的落實。因此，無論企業規模大小，均適用BSC制度。

過去，我們看到一些新興產業或身處環境變動快速的企業推行BSC的成功案例。例如：電子商務興起之初，筆者曾協助一些從事電子商務的企業推展BSC，引導建立公司的營運模式。BSC的應用不僅協助這些企業將其策略落實於營運中，並且將BSC用於訓練新進員工、傳達公司的策略，此做法獲得相當良好的成效。在環境變動快速的資訊業中，如思科系統公司（Cisco）就使用了一套與BSC類似的衡量系統來管理營運；微軟（Microsoft）在拉丁美洲的分公司，也使用BSC引導公司有關新產品、新服務與通路商和顧客新關係的策略執行。

當出現一項變革或新機會，並不需要將整個BSC重新設計，因為財務構面和顧客構面的衡量指標不會有太大變動，真正造成改變的是，內部程序構面為因應新的挑戰，會有一至二項關鍵流程更動。這時，BSC就成了一套有效的語言，幫助專案團隊或管理階層更快速的溝通公司戰術上的轉變，以及執行新的行動方案。員工也會因

為了解公司的策略方向，而協助尋找且辨認出新機會。

Q：BSC在不同地區、國家也一樣適用嗎？是否存在文化差異的問題？

A：BSC是高度客製化的管理工具，導入的過程中，已經將這一套工具融入當地企業的經營智慧及實務當中，而且BSC的架構在客製化的過程中，仍維持既有架構，只有特殊產業會有些微的調整，因而BSC完全適用於不同地區及國家的組織。真正要注意的，其實是「管理風格」而非「文化差異」的問題，因為BSC制度需要的是一種「參與式」而非「威權式」的管理風格，企業若想從BSC制度獲得所期望的效益，建議建立一個開放式的管理氛圍較為宜。

3. 技術面

Q：在建構BSC之前，是不是應該先具備策略？

A：BSC是一個將策略具體行動化的工具，對已經有明確策略的組織來說，BSC可以幫助他們快速而有效的執行策略。然而，對於沒有明確策略的組織來說，BSC實施之前，建議先形成策略形成系統，包括使命、願景、價值觀及策略，導入過程才可做為促進企業高層共同釐清公司策略、了解其意義的手段，並使組織成員對執行策略的方法取得一致的共識。

Q：推行BSC之前，需要先建構什麼樣的基礎建設或其他制度？

A：若公司具備基礎資訊系統或管理制度，並系統性的蒐集與分析外部環境資訊，其產出的策略的正確性一定會提高，且可以提供BSC所需的資訊，自然有助於BSC的推動，並可在較短的時間內展現效益。

然而，沒有完善的基礎資訊系統或管理制度，並不代表不能導入BSC。若要等到所有資料的提供系統完備後才啟動導入BSC，除了可能延後公司策略的執行進度，且可能錯置資源。若公司為了建構完整的資訊系統而投入過多的資源，反而使資源的運用不能聚焦於與策略攸關的項目，不得不慎。

值得注意的是，雖然在缺乏基礎資訊系統的情況下也能導入BSC制度，但若操之過急，想藉由外人的經驗而快速導入亦很危險，很容易輕忽與策略的連結，淪為失焦的績效指標管理系統，臺灣有一些BSC失敗的個案即為此現象。一個有效的BSC制度必須經過組織內部充分的討論及溝通，以創造出緊密連結策略及具有創意的BSC四、七、四具體內容。

Q：如何避免BSC的導入過程太長、造成缺乏動力的困境？

A：導入BSC過程太長，解決之道為有系統的規畫BSC短、中、長期欲獲得的不同戰果，亦即欲達成實質績效的改善目標，並且實際執行、落實，以達到設定的目標。同時，建議在不同階段可公開表揚及獎勵有功人員，以強化組織成員對BSC變革的參與及認同感，進而願意積極落實公司策略的執行，而不至於造成缺乏動力的情況。

Q：如果最源頭的策略錯誤，後續BSC的設計是否會變成「白做工」？在制訂策略的過程中，如何即時偵測策略假設的錯誤？

A：BSC所回饋的資訊除可做為高階主管執行策略的管理依據外，亦可用於檢視策略條件是否適當，進而持續的修正與調整策略。因此，BSC的實施並不會因為策略不適當而白費工夫。為提升策略品質，

企業可以建立內、外部環境的基礎資訊系統，透過資料蒐集、研究分析，輔助高階管理者與負責策略規畫的幕僚人員有機會判斷策略，以制訂符合公司發展的策略主軸。策略規畫的品質必須不斷進步，為此企業必須建立策略回饋學習系統，從策略假設的不斷驗證中學習。

Q：如何避免實施BSC的成本過高及費時？最適合導入的成本及期間為何？

A：實施BSC一定要逐步進行、充分討論，以設計出正確的BSC，有效的降低實施成本。因此，重點在於一開始從策略主軸發展出策略性議題、策略性目標等七大要素，要非常審慎，避免落入KPI計分卡的陷阱。至於最佳的導入成本及期間並無一定的答案，重點是企業內部要對BSC的理論有正確理解，然後從事BSC不同階段的規畫及實施，到融入成公司的DNA為止。

二、階段二： BSC 設計階段常見問題

就組織及技術面加以分析說明如下：

1. 組織面

Q：如何在組織內選定BSC的初期實施對象？一定要從總公司開始做起嗎？

A：一般建議從總公司的BSC開始導入為宜，因為總公司的策略性議題是發展SBU的BSC的基礎，用於引導SBU的策略方向及BSC的設

計，而且從總公司開始導入BSC具有宣示效果，有助於後續其他單位的推動。

若難以說服高階主管從總公司開始設計BSC，亦可以由SBU先行導入，做為示範，以實際的成果展現BSC的效益，再說服公司高層全面導入BSC。然而，縱使由SBU先導入BSC，仍應根據總公司對內部傳達的文件、報告等資料中，了解總公司的策略形成系統，包括：使命、願景、價值觀及策略的可能內容，再開始進行SBU的BSC設計，以確保SBU的BSC內容，與公司整體策略具有密切的連結度。

此外，企業可對組織內各部門進行條件評估，並選出適合優先導入BSC的單位。如尼文博士（2002）針對專案領導者的條件、參與者的支持度、策略是否明確、對BSC的需求、擁有的資源、組織範圍以及資料的完備度等加以評分及評估，如表2所示。

表2　選擇初步推動BSC組織單位評估表

BSC專案組織單位評估表：SBU「A」				
標準	分數 （滿分：10）	權重	總分	說明
策略	10	30%	3	此單位已完成未來五年的策略規畫
專案 領導者	9	30%	2.7	專案領導者在參與專案之前，已成功的利用BSC與其他組織合作。
需求	5	15%	0.75	雖然此單位績效表現良好，但若無適當的管理工具，無法確保良好的績效表現可以持續。
參與者 的支持	7	10%	0.7	管理團隊年輕且充滿幹勁，採用新方法的願意高。

範圍	8	5%	0.4	此單位為生產及行銷獨特的產品線
資料	4	5%	0.2	未曾使用較細緻的績效評估系統，因而所需的資料並不完整。
資源	4	5%	0.2	此單位人手不足，要找出可支援此專案的資源有困難。
合計		100%	7.95	
綜合評估	✓此單位得分相對高，非常適合做為實行BSC的單位。 ✓雖在資料及資源方面較不足，但擁有非常適合的領導者及完整的策略規畫做為彌補。 ✓導入初期的教育訓練，建議強調BSC可協助單位維持績效成果，以降低推行過程中，因單位過去表現優良而對實施新制度有意見的阻力。			

出處：Niven P., *Balanced Scorecard Step-by-step*, John Wiley & Sons, 2002, p.46.

2. 技術面

Q：若由總公司先發展BSC，是否需待總公司的行動方案完成後，SBU才能設計策略地圖？

A：總公司的行動方案設計完成與否，和SBU的策略性議題及目標設計關聯性不大。因此，不一定要等到總公司的行動方案完成後才進行SBU的BSC設計。總公司與SBU的BSC主要關聯在於策略性議題及目標，故當總公司的策略性議題及目標，甚至策略地圖完成後，SBU的BSC即可著手進行設計。

Q：一家公司有多少個部門，就會有多少個BSC嗎？又每個部門的BSC都需對四個構面做衡量？

A：是的，若全面導入BSC，公司內每個部門都會有自己的BSC，其中總公司及各SBU的BSC是一樣的結構，而SSU則有六大步驟的BSC

要實施，因而結構與總公司及SBU的有些不同。

Q：BSC四個構面的目標及指標應由誰制訂？各項目標與指標是否會發生部門間的利益衝突？若發生衝突，應由誰裁決？

A：BSC的設計建議由專案團隊與實施單位一起腦力激盪，共同討論決議所有的內容。除了可以考量得更周全、確保BSC的品質之外，也可透過討論過程，提高組織成員的認同度，使後續的執行更為順利。在實務上，的確會常發生部門間有利益衝突的情況，一般由上級單位主管或總公司層級主管裁決。當主管裁決時，應盡量避免直接裁示，犧牲衝突中任何一方的利益，而是尋找雙方互利或至少經過討論、雙方都可接受的折衷結果。

Q：策略地圖中，有關學習成長構面與IT相關的議題與目標，往往存在同時支持其他構面多個議題與目標的情形，例如建置ERP、互聯網系統等，此情況是否合理？若否，又應如何呈現較好？

A：建議可以將學習成長構面中的策略性IT區分為「基礎建設」和「策略建設」兩種類型，以利策略地圖的繪製及未來的策略溝通與執行，如圖1所示。由圖1可知，IT的基礎建設支持IT的策略建設。

Q：個人計分卡是否一定包含四個構面？是否四構面都該連結到獎酬？

A：個人計分卡要有完整的四大構面，但可依各公司的特殊情況做調整。個人計分卡中核心的策略性議題、目標、衡量指標及目標值，最終需連結到策略性獎酬制度，以激勵組織成員積極達成目標。然而，用以連結獎酬的衡量指標應客觀、具體且公平，否則易造成員

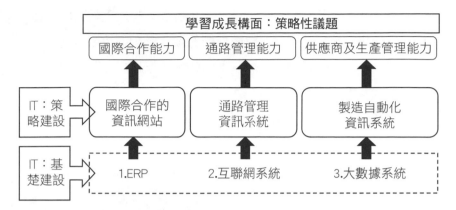

圖1　IT分類：IT策略與基礎建設圖

工不滿的負面效果，反而失去獎酬激勵的作用。

Q：策略性衡量指標應設計多少個才算合理？不同構面之間的比重又該如何？

A：一般而言，柯普朗及諾頓建議將策略性衡量指標的數量控制在二十～二十四個之間，這是較適當的指標數量，而它們在四個構面的建議比重，如表3所示。

表3　四大構面策略性衡量指標最適數量表

構面	指標數量	占比
財務構面	5	22%
顧客構面	5	22%
內部程序構面	8	34%
學習成長構面	5	22%

出處：修改自 R. Kaplan and D. Norton, "The Strategy Focused Organization", Harvard Business School Press, Boston, Massachusetts, Nov 2000, p.369-381.

透過表3可以觀察到，在內部程序構面建議分配比重較高的衡量指標，反映對財務構面與顧客構面指標的績效動因的重視。此外必須注意的是，在BSC當中應有70～80%的衡量指標是非財務性的。

三、階段三：BSC執行階段的常見問題

就組織及技術面加以分析說明如下：

1. 組織面

Q：既然最終的目標都在於財務性指標，為何我們不能透過溝通以及獎酬方式來促使員工達到相同的結果呢？

A：建立財務性指標之後，管理階層必須協助員工了解如何執行策略，BSC各項要素如何與策略連結，例如：顧客關係、價值管理、創新、流程管理、員工能力、激勵及資訊科技等，以達到設定的財務績效。例如：公司希望藉由維繫良好及建立忠誠的顧客關係，來達到財務構面的業績銷售額，但若業務員只著重財務構面的指標達成及自身報酬的多寡，容易造成業務員只追求短期財務績效，而非為公司維繫良好及建立忠誠的顧客關係，長期下來，必定造成公司管理及文化建構的問題。總之，BSC主要強調非財務績效與財務績效的因果關係，且把重心放在非財務績效此「原因」身上，如此才能達成健康穩固的財務績效。

Q：資料安全性和隱私的問題該如何解決？我們可以在內部網路上分享我們所有的BSC資訊嗎？

A：許多企業相信真正的競爭優勢在於組織是否具有適當的內部領導與管理，可以成功的將策略落實在組織當中，而非策略本身。因此，策略的內容並不會視為公司的最高機密，需要特殊的權限管控。反之，企業應該讓所有員工了解公司的策略，可藉由傳遞、溝通的過程，促使員工體認他們對公司可以產生什麼樣的貢獻，也可刺激員工思考，並具體落實企業的策略。

然而，公司不可能知道所有員工是否都認同公司的策略與價值，倘若有非常了解公司策略的員工離職，會不會對外、甚至是對競爭者洩漏 BSC 裡的重要資訊？若公司有此顧慮可以參考以下做法：

1. 將具敏感性的資訊採用指數或比率的方式表達。
2. 控制內部網絡的讀取權限，重要資訊及衡量指標的實際數據僅開放給高階主管及 BSC 推動團隊成員。其他員工只能讀取衡量指標的趨勢資料，或者使用紅黃綠顏色表示各項衡量指標的達成情況。

2. 技術面

Q：若有些策略性衡量指標（SPI）的資訊目前仍然無法取得，尤其是非財務性的指標，是否仍應繼續推動 BSC？抑或暫緩導入，等到所有的衡量指標都有能力取得再來實施呢？

A：實務上企業的確會遇到有些 SPI 的資料無法取得的情況，在此狀況下，大家會開始思考，是否改用其他現行的指標來替代 BSC 設計的指標？然而，這樣的做法並不恰當，因為如果 BSC 是經過深思熟慮且充分討論的結果，那麼 SPI 理應代表公司內最重要的策略資訊。如果這樣重要的資訊都無法建立與取得，那麼管理階層很難管理公司

的關鍵性流程。SPI是BSC第三個要素，公司可以持續執行到BSC的前二個要素，即會產生「策略執行」的影響力，因而不用暫緩導入BSC。

在缺乏SPI資訊的情況下，建議企業的管理階層不可操之過急，應與資訊部門先行溝通，設定建構時程，將BSC所需的基礎及策略資訊系統逐步完成，再蒐集指標資訊。雖然此方法較為耗時，但俗語說：「磨刀不費砍材功」，這才是正道。

Q：如何訂定策略性衡量指標的目標值？

A：「策略性衡量指標的目標值」是指未來某個時點的數量化績效表現，根據時間軸遠近，策略性衡量指標的目標值可以區分為三種：

1. **遠程目標值**：亦即「大膽／野心勃勃的目標」（big hairy audacious goals/BHAGs），意指幾乎毫無止盡的目標，促使組織持續不斷的往前邁進。若要達成遠程目標，只靠日常營運的改善是不夠的，整個組織必須全速、一致的向前衝才有可能達成。BHAGs的達成非常需要整體組織的支持，實際運作上必須設立一些催化機制，將遠程目標與員工表現強烈的連結起來，這樣才能確保BHAGs的達成。

2. **中程目標值**：亦稱為「伸張性目標」（stretch goals）。遠程目標可分拆成數個大約三至五年可以完成的伸張性目標，並分階段達成。不同於BHAGs是整個組織的目標，伸張性目標適用於局部組織廣泛的活動之中。伸張性目標的建立可以採 top-down 或 bottom-up 方法，說明如下：

(a)top-down法：高階主管可以刻意製造高層級財務目標的績效落差，藉此激勵各部門主管接受BSC量度的伸張目標。高階主管亦可藉由BSC涵蓋的績效模式，進行沙盤推演，用情境模擬（scenario-planning）來引導各部門主管建議出不同的策略並測試其可行性，再從中選擇最適合的目標值。

(b)bottom-up法：以某高科技公司為例，高階主管要求各部門主管設立一套積極性的指標，他們通力合作制訂了一個同業中最高的獲利率。雖然過程中，財務長不願接受過高的財務指標，然而透過因果關係的連結，各種指標齊頭並進後，大家最後一致同意，較高的財務目標是可以期待的。要讓伸張性目標成真，必須根植於可接受的事實上。一個有效的伸張性目標必須要在激勵效果與可達成性之間找到平衡點。

3. **短程目標值**：又稱「遞增性目標」（incremental targets），提供一年內數量化的績效評估基礎，為是否能達到伸張性目標或BHAGs提供一個即時的回饋機制。短程目標的設定，具有點燃戰火的效果，可以促使組織「動」起來，往更長遠的目標前進。一般而言，短程目標大多建構在往年的基礎上，比前一年度的結果再略為提高一點。不過，必須要小心別輕忽了目標值的設定，BSC中所設計的SPI與其目標值一定要具有挑戰性，必須要讓負責各項策略性指標與目標值的單位全力以赴，才能達成組織最佳的整體績效。

Q：目標、SPI制訂後，由哪個層級人員做實際衡量及評估的工作？

A：並沒有特定的部門負責產出與衡量SPI每一期的結果，需視組織的設

計與功能而定。有些組織是由資訊部門直接產出、定期提供給各單位做衡量及評估用；有些組織則由專職的BSC團隊負責所有資料的產出、衡量與評估。

Q：BSC導入成敗與獎酬制度的連結是否有關聯？何時是連結獎酬制度與BSC的最佳時機？如何降低因連結獎酬制度而造成薪資結構變化的衝擊？

A：策略性獎酬制度是BSC七大要素的最後一個，若能連結適當的獎酬制度，會提高策略的執行效率與品質，進而使BSC制度的成功機率大幅提升。然而，根據臺灣企業實施BSC制度的個案經驗，建議BSC制度導入初期不要急著連結獎酬制度，因為一開始員工不了解或不願意改變，很容易對BSC產生猶豫、排斥的心態，若BSC會影響到個人的利益，很可能更加深員工的抗拒感，反而導致BSC失敗。建議先完成BSC其他要素的執行（不含策略性獎酬），持續的蒐集與分析資料，一段時間之後，等各要素的運作較為順暢、組織內部已漸適應及接受後，再推動策略性獎酬制度，以降低員工的負面情緒，減少衝擊，並將策略性獎酬制度的目的聚焦在激勵策略績效好的員工身上，如此才會產生正面成效。

Q：該如何規畫BSC作業手冊，內容應包含哪些項目？如何進行、何時進行？

A：擬訂BSC作業手冊好比寫一部歷史，推行過程中需同步將所有的內容，包括推行的步驟、各個主題的討論過程、決策的取捨點、產出文件等，完整的記錄保存下來。BSC的設計是不斷重複思考、辯

論、修正的過程，建議作業手冊將不同版本的BSC不同要素詳實的記錄下來，並說明不同版本修改的內容及原因。除了讓組織策略發展及執行過程清晰曉暢，亦有助於組織策略的學習以及未來策略人才的培育。

四、階段四：BSC 回饋與改善階段常見問題

以技術及人員面加以分析說明如下：

1. 技術面

Q：BSC檢討會議多久舉行一次？誰該參與？會議討論的主軸為何？

A：在實務中，可針對不同公司的狀況，區分以月／季／半年檢討方式來落實BSC的執行力。月會由各單位主管每月自行與部門員工召開，檢討SPI月績效及各項行動方案執行進度與成效；季會則由各單位主管及高階經理人參與，各單位主管針對SPI實際值與目標值有重大差異者，進行分析檢討報告；半年會則由各單位主管及高階經理人參與，針對策略經營假設分析、策略規畫修正、策略地圖修正進行討論，並進行策略績效總檢討。

Q：當策略績效報告出爐，是否應該揭露給全體員工知道？

A：大部分組織都僅專注於策略績效報告中記載的資訊，而忽略其他可能存在的組織文化或變遷等重要議題。例如：某些經營者對於公開公司的策略績效報告心存疑慮，認為如果員工看到公司處於紅色警戒狀態，士氣會受到打擊。殊不知倘若員工沒有接受負面資訊的勇

氣，可能也會進一步隱藏組織既存的負面資訊。

組織若有公正誠信的策略績效報告制度，將能鼓勵員工承擔風險。而若組織能建立公開透明的溝通方式，並透過最佳範例的分享，提升員工的策略知識與能力，最終組織將發展出共同的語言與方式，俾能強化團隊合作的DNA。

2. 人員面

Q：是否需要專職的策略團隊來執行BSC、召開BSC檢討會議？

A：許多組織在確定實行BSC之後，通常會由各部門指派人員用兼職方式來執行BSC專案，但這些人員可能並非推動專案的最佳人選，因此團隊成員常因自身工作無法參與會議、延遲專案時程或沒有能力達到設定的目標。為了讓BSC執行可以進行得更快以及更有效率，建議組織應成立一個專責的單位並賦予職責，負責BSC的執行和檢討會議所需的報告，以及協助會議進行。

所謂「一個專責的單位」即是專案團隊，如柯普朗及諾頓所建議的「策略管理室」的概念（The Office of Strategic Management, OSM），若要真正的落實策略，確實必須充分發揮OSM的角色。以下即針對OSM的功能與角色做簡單介紹，如表4所示。

臺灣傳統的「企畫室」主要功能在於整體事業的規畫，大部分都為一年期的短期事業規畫，但OSM不再局限於短期的事業規畫，而將眼光放在未來至少三至五年的策略發展方向上，評估現行核心能力的滿足程度、帶動BSC的執行及成效的檢討，以及策略學習與回饋。不僅如此，OSM也扮演整合與連結組織內各單位資源及行動方案的協調角色，利用規模經濟、資源最佳化創造公司的整體綜效。

表4 策略管理室（OSM）的關鍵角色表

角色	策略管理流程	說明	跨功能議題	類別
核心角色	**計分卡管理**——設計及報導BSC衡量指標	OSM應監督策略地圖與BSC的發展、實際執行目標設定流程、協助確認/合理化策略性行動方案，以及教育其他人BSC的設計與使用。	整合來自所有功能及部門的SPI與資料	必須執行的流程
	組織整合——確認所有事業及支援單位與策略結合	OSM應定義及執行企業、SBUs及SSUs間承接與協調一致的連結流程。OSM藉由檢視及評估所有的策略地圖與計分卡，來確保協調一致的觀點。	連結企業與SBUs、SSUs及外部夥伴	
	策略評估——設計策略評估與學習會議的管理議程	OSM應管理BSC的報導系統、執行檢討管理會，並協調議程及後續的追蹤行動。	讓經營團隊聚焦於跨功能性的策略議題	
理想角色	**策略發展**——協助CEO與經營團隊規畫及更新策略	OSM應於公司階層管理此流程、完成外部/競爭分析，並與CEO規畫策略及進行策略修正。	整合功能/部門的行動方案與公司策略	應執行的流程
	策略溝通——對員工進行策略內涵的溝通及教育訓練	OSM應對策略溝通的內容及流程的有效性負責，並與其他相關的必要流程整合。	將策略訊息整合到多媒體溝通的管道中	
	行動方案管理——定義並監督管理策略性行動方案的執行	OSM應確保策略性行動方案規畫合理，並受到妥善管理。	合理分配及管理來自不同功能領域的各類型資源(例如訓練、聘雇、科技及金錢)，置於整合的策略性行動方案中。	
整合性角色	**規畫／預算**——連結財務、人力資源、資訊科技及行銷至策略中	財務長與其他功能的經營主管執行此流程，但OSM確保策略已植入計畫中。OSM在分配策略性行動方案資源方面扮演相當重要的角色。	連結功能/部門預算結構與跨功能性的策略	財務長人資長資訊長行銷長
	人力資本協調一致——確保所有員工目標、獎勵及發展計畫與策略連結	由OSM與人力資源部門合作，人資長推動執行，以確保員工個人目標、獎勵及發展與策略緊密結合。	連結功能/部門預算結構與跨功能性的策略	人資長
	最佳實務分享——促進發掘並分享最佳實務的流程	在同質的組織中，最佳實務移轉的職責應集中於OSM。在異質的組織中，職責應可分散。	將公司某部門發現的好創意，跨越部門及功能的界限，轉移至其他部門。	知識長

出處：修改自 R. Kaplan and D. Norton, "The Office of Strategy Management", *Harvard Business Review*, October 2005.

OSM與傳統企畫室的主要差異在於：(1)長期的策略規畫、(2)策略執行（BSC）的落實、檢討與回饋，及(3)扮演整合組織資源的角色。若組織內部已有企畫室，便能加以轉型，擴充其角色及功能，即可達成OSM的強大效益。根據筆者長年經驗建議：公司應該成立「策略形成及執行」專責部門，負責策略形成系統及BSC的實施工作，且此部門最好是「常設性」而非短期「專案性」。

此外，因OSM必須負責策略發展、執行，並協助各單位與公司策略整合，故OSM的組織地位，對其所能展現的功效具有極大的影響力。因此，其組織層級不應過低，以第一階或第二階單位、能直接與企業最高負責人報告及溝通為宜。

Q：高階主管行程總是滿檔，BSC檢討會議需要所有高階主管出席，實際執行有難度，應該如何解決？

A：關於BSC檢討會議的議程安排，最好可以一次就規畫出一整年的開會時間，讓所有高階主管能事先安排時間參加會議，且BSC檢討會議必須在有利於面對面討論的會議室舉行。

策略的制訂及執行通常需要繁複且長時間的討論，倘若組織不能因應環境變遷，迅速有效的修改其策略內容及執行方向，物換星移後，過去艱苦的努力都將付諸流水。著眼於企業必須不斷追求創新及成長，BSC最大的特點就是具備改變的彈性。當競爭環境改變，現有策略會被嚴格測試，新策略方向會立即實行，因此BSC沒有真正結束的一天。因此，BSC檢討會議的過程，是策略管理不可或缺的動力，更是組織達成長遠目標的必經之路。故高階主管應該改變舊思維，不要將行程排滿，而是改變行為，認真的投入BSC檢討會

議，如此才能帶動公司成為策略核心組織的典範。

　　本附錄以 Q & A 方式，為讀者解答在 BSC 評估、設計、執行及回饋階段的各項難題，希望能帶給讀者些許啟迪，對 BSC 的導入不再卻步，化口號為行動，為組織奠定永續經營的長青基磐。

參考文獻：

1. J. Kotter, "Leading Change", *Harvard Business Review*, Mar./Apr. 1995, p59-67.

2. P. Niven, *Balanced Scorecard Step-by-Step*, John Wiley & Sons, 2002, p.46, p56, p179-188.

3. R. Kaplan and D. Norton, "The Strategy Focused Organization", Harvard Business School Press, Boston, Massachusetts, Nov 2000, p.369-381.

4. R. Kaplan and D. Norton, "The Office of Strategy Management", *Harvard Business Review*, October 2005.

5. Robert S., Gold and Jay R. Weiser, "The Balanced Scorecard Strategy Review Meeting-What to Expect the First Year", *Balanced Scorecard Report*, 2005, Vol.2, Number 3.

BSC的精神與架構不僅適用於企業組織，亦可靈活的運用在人生規畫或是日常生活的議題上。本附錄將與讀者分享如何將BSC觀念融入生涯規畫與工作中的例子，幫助讀者了解運用的方式，進而活用BSC來達成個人的使命、願景與目標，創造人生的最大價值。

一、規畫人生藍圖：運用「策略形成系統」與「策略圖」的精髓

年輕人常對未來感到困惑，不知道該如何規畫自己的人生，若能有一套工具協助「生涯規畫」，對個人確實會有很大的助益。然而，若要將生涯規畫妥當實非易事，因為我們所處的環境變化多端、社會的思想觀念瞬息萬變，若沒有明確的個人目標，很容易隨波逐流、無所適從。筆者身為會計系講座教授，常見到系裡的學生，畢業後一窩蜂的報考會計研究所、會計師或參加高考，探問之下，發現他們並不是因為明確的知道自己的志向才參加這些考試，而是因為大家都這麼做就跟著做。這

種人云亦云、跟隨潮流的後遺症，是沒有自己的特色及差異化，難以發揮個人特長。

筆者並不是不鼓勵大家參與各種考試，而是這些考試得花相當長的時間及精力，若沒有想清楚自己未來的人生方向，而將精力及黃金年華耗在與自己未來方向無關的事情上，不僅浪費個人的寶貴時間，對社會而言，也可能形成勞動市場供需失衡、人力資源浪費的現象。因此，年輕學生若能提早思考與分析自身擁有的優缺點，以及大環境的機會與威脅，訂出適合自己的目標，就能夠走出更適合自己、可以發揮所長的人生道路。

以下，提出幾個思考方向，讓讀者可以沿著此脈絡，規畫人生的願景：

（一）你想成為什麼樣的人？

如前所述，很多年輕人在生涯規畫上缺乏「策略」運用的觀念，不是跟著別人走，就是聽隨父母的期望，或是被動的接受條件的限制，走一步算一步，抱著船到橋頭自然直的心態。如此，如何能獲得自己期望的人生呢？

生涯規畫的第一步，就是要先想清楚自己在未來想要成為怎麼樣的人。可以運用「生命週期」的觀念，做長期、有效的思考與規畫，想像二、三十年後的生活，確立志向，訂定個人的使命與願景。例如，想成為學者、教師、醫師、會計師或是企業經理人等。確立方向後，自然對於要做或不做哪些事的取捨就更清楚。在前述例子中，會計系學生如果想成為一位學者，應該將精力專注於準備研究所考試，摒除成為學者必要條件以外的考試，例如高考。因此，愈早確立自己的方向及目標，便

能心無旁騖的努力，達成目標的機會就愈大。

（二）選擇可以達成願景的道路

在確立志向（個人的使命與願景）之後，接下來就是要選擇達成的方法。這裡可以運用前文所提及的「SO計分卡」做為工具，花一些時間來分析自己的優點、興趣，以及對應所處的環境擁有什麼樣的機會。了解自己的優勢與機會後，就不難找出可以達到願景的策略。櫻梅桃李各有所長，只要能確定方向，將自己與生俱來的天賦及優點發揮極致，且掌握最好的機會，即能創造差異性、出類拔萃的人生路。

（三）人生的每一步都要有價值

當選定了如何達到志向（願景）的道路（策略）後，下一步即是規畫整個過程，如同確定了旅遊的目的地，接下來，則是選擇該「怎麼去」，是要搭飛機（成本高、時間短），抑或坐車或開車旅行（成本較低、時間長）。此時，可以套用「價值鏈」的觀念，並以「策略地圖」為工具，依序規畫需要做什麼事（策略性議題）、達到哪些目標（策略性目標），才能使策略被落實，進而達到人生的願景及目標。延續前例，一旦確定要成為學者，以後所做的每一項工作，皆應以充實知識與累積經驗、學習研究技能、了解學術環境等相關事務為重點，如此才能發展自己的利基點及創造競爭優勢。建議將所有的選擇與行動依相同的方向、朝著願景一步步前進，才能彰顯出所做的每一件事的「價值」。

二、創造職場競爭力：運用「顧客構面」與「學習成長構面」的精髓

　　大家可以運用BSC「顧客」與「學習成長」構面的精神，來建立個人職場上的競爭力。

（一）以服務顧客的心相待

　　一般而言，在工作上應對顧客時，很容易以服務的心態回應顧客各種需求。但是，對於組織內部「自己人」的要求，卻往往站在維護自身的立場，缺乏服務的心態，進而對各種要求產生抗拒。其實，顧客可分為外部顧客及內部顧客，組織成員應秉持服務的精神，滿足內、外部顧客的需求。

　　常聽聞職場上主管與部屬之間不合，甚至關係緊張的情況。主管抱怨部屬工作品質不佳、工作效率低等問題；而員工則抱怨主管專制、挑剔、不通人情等。筆者認為這些問題最主要的癥結點在於「彼此的心態」。

　　部屬因抱持主管是挑剔的、「反正工作交給主管後一定會被修改」的念頭，所以不會盡全力做到最好，反而養成「之後再依主管的要求修改即可」的被動工作態度。然而，若能將主管視為主要的顧客，以「提供最好的服務」的心態來面對主管，必定會將工作做到完美後才提交給主管審閱。另一方面，主管若不信任部屬，又常以威權的態度「使喚」，很容易引起部屬的反感，導致部屬工作意願低落，甚至不願意配合。相反的，若主管將部屬視為主要顧客，彼此的關係必然良好，終能

使工作更和諧、效率更提升，進而發揮團隊合作的最佳效能。

（二）時時充實自我跟上時代腳步

要當個好主管或好部屬皆需要持續的自我充實，培養自身實力，此即為BSC的學習成長構面的精神。

在工作中，常見到不努力充實自己實力、只重視建立上層關係卻缺乏工作專業的人。這樣的員工通常只會在特別重視關係的主管面前有較好的發展，且僅限於短期間，時間久了還是會遭到淘汰。我們在職場上常會見到有些主管周遭環繞著專業不足、無法勝任工作的部屬，這樣的情況通常反映了主管本身只重關係、不重實力的特質，且常會造成優秀人才被排擠的現象，劣幣驅逐良幣的結果，就是無法擁有具專業能力且肯付出的部屬。

然而，在競爭激烈的環境下，若沒有長期持續的學習及成長，縱然有良好的人際關係，也無法在職場上穩定的生存。不管是上司或部屬，若不求進步成長，容易成為冗員而遭到裁汰。例如：主管不思進步，逕自採取權威式的領導方式，是難以適應新環境或讓新世代人才信服的。部屬若因循苟且，日日以固定模式、老舊及僵化的觀念面對工作，必然無法具備競爭力，工作中無法有所突破，遑論升遷或展現長才。一旦工作環境改變，必然遭到淘汰。

三、建立寶貴的友誼存摺：運用 BSC 的因果關係與衡量系統的精髓

發明家愛迪生曾說：「友誼能增進快樂，減輕痛苦，因為它能倍增

我們的喜悅，分擔我們的煩惱。」由此可知擇友的重要性。BSC的因果關係與衡量系統的精髓，可應用於締結友誼與人際關係中。一個人在日常生活中常接觸的人及結交的朋友，會對自己產生極大的影響，甚至決定人生的成敗。因此，選擇與了解我們接觸的人與朋友非常重要。當一個人的周圍皆是一群「利他」者，亦即顧全大群體利益的人，那麼這個人在耳濡目染之下，一定會以利他為主，這就是「近朱者赤，近墨者黑」的道理。

（一）慎擇益友、真誠待人

有些人在交朋友及人際關係上非常重視短期的「財務構面」利益，此種短期性的做法，不容易交到真正的朋友。若能將他人或對方視同主要顧客來看待、照顧，真誠以對，必能獲得真摯友誼的回饋。反之，若你將朋友當做可利用或使喚的工具，必定無法結交到真心相待的朋友。更可怕的是物以類聚，有些人會學習此相互利用的行為，當各自的利益相互衝突時，會招致反目成仇。因而，交朋友的動機要真誠，而且選擇朋友必須謹慎。

選擇朋友之前，先要想清楚自己交友的策略及目的為何？例如：有些人交友是希望能學習對方的好品性及好人格，又有些人交友是以建立人脈為目的。在想清楚自己期望擁有什麼樣的朋友群後，才能對預定的目標進行「分析」，了解對方的喜好（顧客構面），知道要如何去擴展交友圈；自己應有什麼樣的言行舉止（內部程序構面）；又自己應具備什麼樣的條件、強化什麼能力（學習成長構面）。品行端正者，不太可能和素行不良者成為好朋友。

（二）持續學習、自我成長

　　要使人際關係佳，獲人信賴、擁有好的朋友，自己也需充實內涵，例如：看的書比別人多、觀念比別人新穎、涉獵的知識比別人廣泛，相對較容易結交到好朋友。當自己成長停滯，與朋友交往容易言不及義，話題索然無味，雙方不易從對方身上學習及進步。反之，若自己能持續的精進，則會有同等特質的朋友前來親近，朋友之間才會不斷砥礪、教學相長。

　　總之，若能將BSC四大構面的觀念善用於交朋友及人際關係上，定能交到許多長期、互相鼓勵及感情不變質的益友，如此的人生是何等的有價值及意義呀！

（三）確實評估、反求諸己

　　在清楚自己期望擁有什麼樣的朋友與人際關係後，可以運用BSC的績效衡量觀念來增加交友「成功」的經驗，使交友的「績效」得以提升。例如：經常思考是否每位朋友皆為益友？是否每位朋友皆能促使自己更加有智慧？如此能使交友績效提升，否則很容易因為交了一位損友，而影響自己的一生，後悔莫及。

　　交朋友的績效評估項目不需複雜，這些項目要能促進原先設立的交友目標的達成，並能反應結果與目標的因果關係。例如：交友的目的若是為增進知識，則績效指標可能為「知識的增進或成長程度」。雖然交友的指標不易衡量，若能運用BSC的績效衡量觀念來評估交友策略，可為自己建立一套回饋機制。

1. 選擇「領先指標」，做為衡量標準

當要選擇衡量指標時，應盡可能選擇「領先指標」。根據筆者長期觀察，「誠信」是可以交到良友的重要特質，所以若對人展現誠信，相對容易交到益友，亦即「誠信」可做為交到良友的領先指標。

2. 審視「投入面」、「營運面」及「產出面」的績效

交友是我們生活中持續發生的事，所以我們每天都應該檢視自己在交友這項「作業」投入了多少時間（投入面的績效）？與朋友的互動與溝通情況是否良好（營運面的績效）？交朋友的結果如何（產出面的績效）？有些人可能花了很多時間與他人往來，但與朋友間的交往卻平淡無味、乏善可陳，這樣即難以達到吸收新知的預設目標。亦即，雖然投入面很大，但因營運不佳，致使產出績效受影響。因此，應時時刻刻省察自身的行為並即時調整，如此才易促進「交友」長期績效的提升。

3. 持續改進自己交友的績效評估

社會局勢如流水，東漂西流無常軌，交友的價值觀有時會隨著環境而改變，所以交朋友的績效評估也會隨之調整。例如：在職場生活緊湊、忙碌的時代，交友的績效不應以人數多寡來評估，而應以效益來衡量，意即重「質」不重「量」，不需要相交滿天下，只要結交幾位真心的益友，相互切磋琢磨，一生受用無窮。

四、將 BSC 觀念運用至個人生涯規畫的釋例

此案例將帶領讀者從生澀羞怯的社會新鮮人 Emma 出發，說明她如

何透視自身的條件，運用BSC工具進行自我評析，讓自己成為精明幹練的職場小OL（office lady），最後躋身為充滿智慧、決策明斷的高階經理人，同時擁有一個美滿的家庭。在人生的每一個階段，她總是能氣定神閒的平衡工作與生活，讓自己的夢想付諸實現。

（一）熱情有勁、青春洋溢的「社會新鮮人」

Emma是剛從學校畢業的社會新鮮人，對未來有著無限的憧憬及想像，她運用SWOT分析工具，將自己目前的條件做了一番客觀的剖析，發掘自己的優缺點，並充分了解自己的機會與威脅，如表1所示。

表1　個人生涯規畫分析表──社會新鮮人釋例

優勢	劣勢
✔年輕體力佳，有衝勁。 ✔海綿一般的學習效率	✔經驗智慧能力不足→缺乏信心 ✔缺乏人脈關係網絡，做起事常會事倍功半。
機會	威脅
✔公司組織層級少，年輕人有機會扛起重要任務→出頭機會大。	✔來自對岸的「優秀知青」人才威脅

得出表1的結論後，Emma確定了自己短期的方向，即利用年輕、學習快的優勢，快速累積專業核心能力，並展現積極負責的工作態度，掌握表現機會，更進一步補強自身劣勢，建立自信心，擴大人際網絡關係。在此階段，Emma為自己量身打造的策略地圖，如圖1所示。

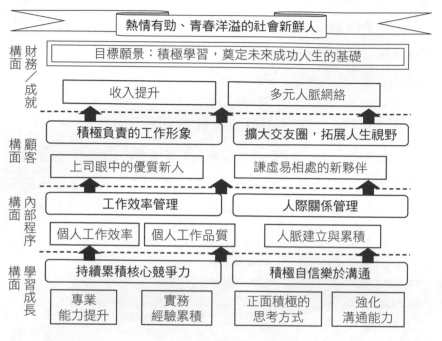

圖1 個人生涯規畫策略地圖 ── 社會新鮮人釋例

（二）享受工作、享受生活的「粉領貴族」

　　韶光荏苒，Emma已不再是當年的新手，而是公司的中階幹部，在工作上有許多機會，也努力進取。而在生活上，卻常因工作忙碌，無法平衡工作與休閒，此時，她想到應重新審視自己目前的情況，找出最佳調整方法，Emma自我分析後，如表2所示。

表2　個人生涯規畫分析表──粉領貴族釋例

優勢	劣勢
✓工作已逐漸得心應手 ✓資金、人脈已有一定基礎	✓工作繁忙，較無時間精力持續學習進修，容易與社會潮流脫節。 ✓無暇陪伴家人與朋友
機會	威脅
✓現今中階主管在企業中所扮演的角色，已從被動的管理角色，轉向策略性的角色。	✓資訊科技發展，規畫與控制權將逐漸集中於高階主管。

再次分析自己的現況，Emma發現這幾年的工作經驗，讓自己蛻變成機靈敏銳、做事有效率的專業人才。然而她也知道，此時應再加強實力、創造個人獨特價值，並持續累積核心能力，發展第二專長。而在生活層面，也試著著手調整，透過穩定而親密的人際關係的經營，兼顧工作與生活。在此階段，Emma為自己量身打造的策略地圖，如圖2所示。

（三）事業成功、家庭美滿的「成熟現代新女性」

轉眼又過了幾個寒暑，Emma的工作重心已不再是親力親為，而是躋身參與公司重要決策，並為公司培育專業人才，成為公司不可或缺的中流砥柱。工作之外，她也明白自己該肩負的家庭責任與社會期待。在此階段，她再度以SWOT計分卡規畫及分析未來方向，如表3所示。

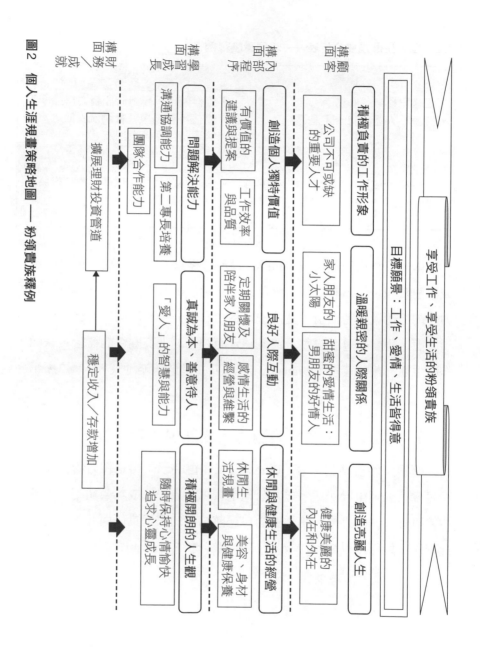

圖2 個人生涯規畫策略地圖——粉領貴族釋例

表3 個人生涯規畫分析表——成熟現代新女性

優勢	劣勢
✓多年社會歷練與經驗 ✓事業上的敏銳度及洞見	✓體力與精力的限制 ✓家庭與事業需兼顧
機會	威脅
✓成為大老闆的策略夥伴	✓後起之秀及企業環境改變所產生的 「通才」壓力

　　得出上述分析後，她明白此時應做某些轉換。在工作上，成為老闆心中的策略夥伴，提攜後進與經驗傳承；在生活中，個人理念、社會價值與家庭美滿並進，為社會、公司與家庭，發揮自己的最大價值，貢獻所長。在此階段，Emma為自己量身打造的策略地圖，如圖3所示。

　　本章嘗試以貼近生活的例子來說明如何將BSC運用於日常生活中，我們發現：BSC的觀念很清晰，只要將此工具運用在生活中，時時刻刻反覆推敲，不但能活絡思考、邏輯清晰的判別各項決策因素，決策的品質也能因而提升。

　　從個人的生涯規畫至結交朋友的策略發想，靈活應用BSC，將能孕生更多的思考空間規畫未來，度過美好而充實的人生。

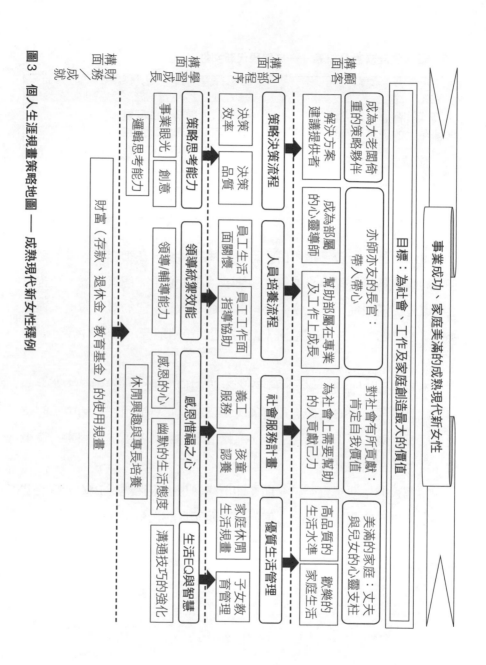

圖3　個人生涯規畫策略地圖 —— 成熟現代新女性釋例

參考文獻

1. 吳安妮，1996，〈策略性成本管理觀念於生涯規畫的運用〉，《會計研究月刊》，第128期，第123-124頁。

2. 吳安妮，1997，〈平衡計分卡觀念之靈活運用〉，《會計研究月刊》，第138期，第117-119頁。

3. 公隆化學，內部教育訓練投影片──個人計分卡。